무선통신 시스템
이론 및 실습

전선도 · 이동원 공저

도서출판 상 학 당

머 리 말

최근에는 많은 네트워크 기술 및 여러 장치들이 혼합하여 통신하는 다양한 무선통신 기술들이 연구 개발되고 있다. 특히, 이 책에서는 최근 경향에 따라 널리 활용되거나 앞으로 Issue가 될 통신방식 및 무선 프로토콜을 정리하였다.

또한 이 책을 통하여 실습이 가능하도록 정리하였는데, 특히 아날로그 통신 시스템 및 통신회로 실습과 무선 센서 네트워크 실습이 가능하도록 정리하였다.

이 책은 무선통신 시스템의 중요 개념 및 감각을 익히도록 핵심만을 추리는 형태로 편집 및 재 해석 정리함으로써 무선통신 시스템 및 무선 네트워크 시스템을 배우는 학도들에게 도움이 될 수 있도록 노력하였다.

아울러 이 책을 편집하는 과정 중 참고가 되었던 기존의 전공서적 및 사이트 자료의 저자들에게 감사를 드린다.

저자 씀

차 례

■ Part I 무선 프로토콜 ⊸ 9

■ Part II 통신회로 및 무선 네트워크 실습 ⊸ 95

Part Ⅰ

무선 프로토콜

제 1 장

무선 프로토콜

1.1 통신 기본 이론
1.2 프로토콜
1.3 통신 프로토콜
1.4 Peer-to-Peer 통신
1.5 표준화
1.6 무선 네트워크 프로토콜

1.1 통신 기본 이론

(1) 통신 모델

임의의 정보를 Device 및 기기를 통하여 전송 신호로 변화한 후 전송 매체를 통하여 수신하고자 하는 Device 및 기기에 전송함으로써 원 정보를 전송하는 것을 통신의 기본 모델이라 할 수 있다. 이 때 수신 단은 Device 및 기기는 전송 매체를 통해서 받은 전송 신호를 정보로 재 변환하는 시스템을 취한다. 이 때, 송신 단에서 수신 단이 결정된 시스템을 Simplex이고, 통신 Device가 송신 및 수신이 모두 가능한 경우를 Duplex라고 한다. 다음 그림은 Simplex와 Duplex 각각을 의미하는 통신 모델이다.

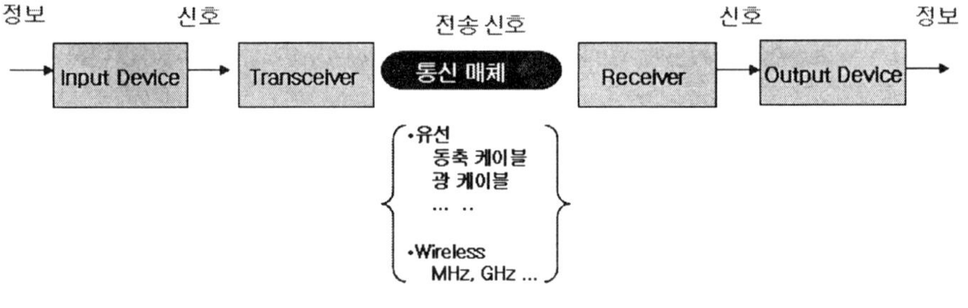

[그림 1-1] Simplex

[그림 1-2] Duplex

이 때 통신 매체는 크게 광 cable, 동축 cable 등의 유선 매체와 일반 공기 매체로 전송하는 무선으로 나뉠 수 있다. 특히, 무선 선로에서는 전송하는 전자파의 Radio 주파수에 따라 MHz 및 GHz 등의 주파수 대로 나뉠 수 있다. 또한 Duplex는 송신 및 수신을 타이밍을 맞추어 전송하는 Half-Duplex와 송신 및 수신을 동시에 전송하는 Full-Duplex로 나뉠 수 있다.

(2) 통신 처리 방식

임의의 거리가 존재하여 한 장소에서 정보 처리가 한계가 있는 상태라도 통신은 거리의 한계를 벗어나 정보를 처리할 수 있게 해준다. 결국 통신은 정보를 처리하는 방식에 따라 실시간 처리 방식, 일괄 처리 방식, on-line 시스템, off-line 시스템 등으로 나누어 생각해 볼 수 있다.

- 실시간 처리 방식(Real Time System) : 원하는 시간 내에 통신로를 통해 처리 결과 확인
- 일괄 처리 방신(Batch Processing System) : 일정한 시간에 정보 데이터를 일괄적으로 전송하는 방식
- On-Line System : 통신 회선이 연결된 상태로 사람의 개입 없이 전송/작업을 처리하는 방식
- Off-Line System : 통신 회선 없이 사람이 전송/작업을 처리하는 방식

(3) 망(Network)

네트워크란 많은 장치가 전용 회선 없이 여러 시간대에 나뉘어 전송이 가능하게 하는 기반 선로를 의미한다. 네트워크는 전용회선으로 연결하는 것보다 경제적이며, 여러 화선의 전송이 요구될 때 적절한 방법이 된다. 다음은 네트워크와 전용 회선과 비교한 몇 가지 특징 이다.

- 네트워크에 연결된 모든 필요한 자원 공유
- 전송 양의 부하를 네트워크 내에서 분산 처리 가능
- 병렬 처리 가능
- 공간적, 시간적 제한이 상대적으로 적음
- 고장 복구가 용이함

다음은 통신 네트워크의 분류이다.

- 교환망 : 중간 노드(스위치)를 통해 전송

(예) 회선 교환 : 전화 통신, 패킷 교환 : 컴퓨터-컴퓨터 통신

• 방송망 : 중간 노드 없이 망에 접속된 모든 사용자에게 전송
(예) 위성망, 패킷 라디오 망, 근거리 망(Local Area Network)

1.2 프로토콜

프로토콜(Protocol) 이란 어원적으로 보면 약속, 규약을 의미한다. 즉 서로간의 약속된 규칙에 의해서 서로 대화 및 통신을 가능하게 하는 것이다. 한 예를 들어 두 생물체가 대화를 하려면 서로 같은 종류의 생물체여야 정상적인 대화가 가능할 것이다. 즉, 호랑이와 사람 사이에는 정상적인 대화라는 것은 있을 수 없다. 물리적으로 같은 사람일 때 대화가 될 뿐만이 아니라 같은 언어를 가지고 대화를 하여야 정상적인 대화를 할 수 있을 것이다. 즉, 이미 약속된 문법, 단어 의미 등이 같은 동일한 언어를 서로 사용하여야 서로 대화가 가능한 것이다. 일본 사람이 일본어를 하고 또 한사람인 프랑스 사람이 프랑스 언어를 한다며, 서로 대화가 가능할 수 없는 것이다. 다음 그림은 사람과의 대화가 통하기 위한 규약 하이라키 구조 이다.

[그림 1-3]과 같이 물리적 특성에는 서로 들릴 수 있는지를 의미하는 음파 아니면, 행동 등을 의미한다. 또 음파에서는 인간과의 대화인지 아니면, 다른 생물체간의 대화인지를 의미한다. 또한 언어가 동일한 언어인지, 아니면, 수화를 하는 것인지를 의미하여, 문법, 단어, 의미 등까지 같은 약속되로 한다면 서로 대화가 가능할 것이다.

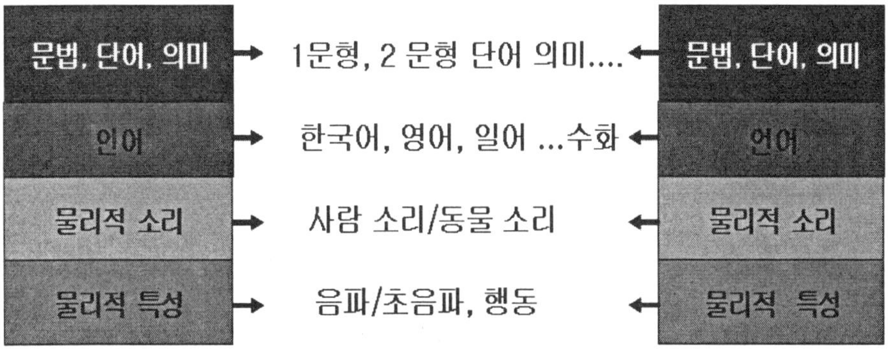

[그림 1-3] 대화 프로토콜

1.3 통신 프로토콜

위 절에서도 언급 했듯이 프로토콜은 서로간의 약속으로 전자 통신에서도 역시 각 통신하는 양 단(Entity)간의 협정 및 약속이 있어 서로 원할한 통신을 가능하게 해준다. 이 때 통신 프로토콜의 중요 요소는 다음과 같다.

- Syntax (문법) : 데이터 형식, 신호 레벨
- Semantic (의미) : 전송의 조정, 에러 관리
- Timing (시간) : 속도 제어, 순서 조절

문법(Syntax)은 실제 전송하는 데이터가 어떤 형태를 가지고 전송하는지 신호의 모양이 어떠한지를 서로 약속하는 것이다. 의미(Semantic)는 실제 데이터를 전송하기 위해 전송을 조절 및 에러 제어 등을 의미한다. 시간(Timing)은 데이터 속도 및 전송 순서 등을 제어하는 약속이다.

이 시대에는 여러 형태의 통신 방법 및 프로토콜이 있다. 가장 대표적이며 널리 사용되는 통신 프로토콜은 컴퓨터 통신 프로토콜이다. 이 통신 프로토콜에 의하여 인터넷 등의 정보 산업의 기반을 이루왔고, UCC 등의 사회 변화를 통한 문화 창출의 기반을 만들어간 프로토콜이다. 컴퓨터 통신 프로토콜은 3개의 하이라키 구조를 갖는다.

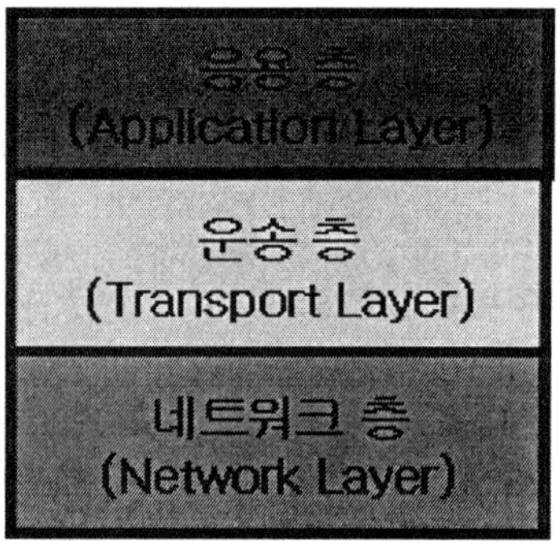

[그림 1-4] 컴퓨터 통신 프로토콜

이 컴퓨터 통신의 각 3 계층은 다음과 같은 의미를 갖는다.

- 네트워크 억세스 층 : 컴퓨터와 네트워크 사이의 데이터 교환, 네트워크의 각 Device 주소 소유
  (예) IP ..
- 트랜스포트 층 : 신뢰 성있는 데이터 교환 수행
  (예) TCP …
- 응용 층 : 사용자에게 서비스 되는 역할 수행
  (예) 화상/음성 통신…, 채팅

통신 프로토콜을 분석할 때 가장 대표적으로 활용되는 프로토콜은 7개 층으로 정의되어 있는 OSI(Open System Interconnection) 모델이다. 이 모델을 전부 완벽하게 사용하는 통신 방식은 없지만 모든 통신이 이 모델에 포함되어 있다. 각 7개층 모델은 응용 층(Application layer), 표현층(Presentation Layer), 세션 층(Session Layer), 운송 층(Transport Layer), 네트워크 층(Network Layer), 데이터 링크 층(Data Link Layer), 물리 층(Physical Layer) 이다. 다음 각각의 계층은 다음과 같은 의미를 갖는다. 다음은 각 계층의 대표적인 역할을 의미한다.

- Physical : 구조화되지 않는 데이타(비트 스트림)들을 기계적, 기능적, 절차적 특성을 갖는 물리적 매체를 통해서 전송한다. 신호 레벨, 신호 변조를 의미함
- Data Link : 동기화, 오류 제어, 흐름 제어 등의 물리적인 링크를 통해 신뢰성 있는 정보를 전송하는 기능을 제공한다. 즉, 매체 제어(MAC), Link 설정 등을 의미함
- Network : 상위의 계층과의 연결을 설정하고 관리하여 시스템을 연결하는데 필요한 데이타 전송과 기능을 제공한다. 네트워크를 통해 목적지를 찾아가게 함
- Transport : 종점간에 오류 수정과 흐름 제어를 수행하여 신뢰성있고 투명한 데이타 전송을 제공한다. 신뢰성 있는 전송을 하게함.
- Session : 응용간의 연결을 설정, 관리, 해제하는 통신에 대한 제어 구조를 제공한다. 통신 제어, 타이밍 제어 … 등을 의미함
- Presentation : 데이타 표현에 차이가 있는 응용 프로세스들이 그 차이에 관계하지 않도록 한다. 정보 표현 방법 임
  (예) MPEG, MP3 …
- Application : 사용자가 OSI환경에 접근 가능하도록 하며 분산 정보 서비스를 제공한다. 즉, 다양한 응용 프로그램을 의미 한다

다음은 이 OSI 7 계층 모델의 구체적인 예를 기술한 것이다.

(1) 물리 계층(Physical Layer)

7 계층 구조의 최하위층인 물리 계층은 데이타 엔트리간의 비트 전송을 위하여 물리 연결을 활성화, 유지, 비활성화하고 물리 연결상의 물리 서비스 데이타 단위(bit)로 전송하는 역할을 한다. 구체적인 기술 내용으로는 모뎀/DSU (Data Service Unit) 등의 데이타회선 종단 장치(DCE)의 전기적, 기계적 특성의 규정, 신호선의 제어 방식 등이 있다.

계층 분배를 위한 구별 요소가 몇 가지 있는데, 각 요소 내의 방식과 값이 다르다.

- 직렬 전송과 병렬 전송 : 통신회선상에서 전송하는 데이타 비트는 한 비트씩 직렬로 전송하는 방법과 복수 비트가 동시에 병렬로 전송되는 방법이 있다.
- 동기 전송과 비동기 전송 : 데이타의 전송 전에 수신측의 데이타 비트의 수신 시간(비트 샘플링)을 얻는, 즉 동기확립에 필요한 동기 부호를 송신하는 방식을 동기전송이라 한다. 동기 부호를 송신한 후에는 일정 주기로 연속적으로 데이타 비트를 송신한다. 비동기전송은 전송 단위를 전송 단위(1문자분, 8비트)의 시작과 마침을 표시하는 사이에 전송하는 방식이다. 비동기 전송방식에는 전송하는 문자들의 시작비트, 종료 비트가 첨가되므로 같은 데이타 양이라 해도 동기방식 보다 전송하는 비트가 많아진다.
- 전이중 전송과 반이중 전송 : 전이중(Duplex) 전송은 송신과 수신을 동시에 하는 전송방식이고, 반이중(Half-duplex) 전송은 송신 또는 수신 중 어느 한가지만을 수행하는 방식이다. 전이중 전송 회선을 반이중 방식으로 사용할 때도 있다.
- Point-to-Point 통신과 다중점(multi point) 통신 : Point-to-Point 통신은 통신회선의 양 점간의 수행되는 통신이고, 다중점 통신은 복수 개의 통신점이 하나의 통신회선상에서 설정되어 수행하는 통신을 말한다.
- 전용선 회선은 회선 사용료가 정액제인 경우이고, 교환회선 형식으로 회선 사용료가 종량제인 경우이다.

(2) 데이타 링크 계층

데이타 링크 계층은 인접하는 개방 시스템 사이의 확실한 데이타 전송을 하는 기능을 갖는다. 이 층에서는 전송제어 정보를 첨가하여 데이타 프레임으로 나누어 차례로 전송한다. 구체적인 기능으로는 전송 단위로 연속되는 비트 열(데이타)을 나누는 기능, 매 전송 단위의 순서 제어 기능, 오류 검출, 복구 기능, 흐름제어 기능 등이 있다. 이 층의 프로토콜로는 ISO가 표준화한 HDLC (High Level Data Link Control)이 있다.

프로토콜 사양의 개발은 HDLC 절차를 적용하는 것이 표준화되어 있고 서비스 정의 방법은 현재 ISO에서 검토 단계에 있다. HDLC에 대해서 간략히 알아

보도록 하자.

HDLC의 특징은 아래와 같다.

- 전송 제어용 정보와 사용자 데이타가 분리되므로 사용자 데이타의 문자나 비트에 관계없이 전송이 가능하다.
- 연속적인 전송과 일괄적인 응답이 원칙이므로 전송 능력이 향상된다.
- 전이중 통신 사용시 역방향 데이타에 대한 응답을 보낼 수 있으므로 전송 능력이 향상된다.
- 모든 프레임에 대한 전송 오류 검사 필드가 부여되므로 오류 검출률이 향상된다.

프레임은 HDLC의 스테이션 상호간에 주고받는 정보의 기본 단위로 데이타 링크 계층의 PDU (Protocol Data Unit)이다. 프레임은 명령 프레임과 응답 프레임으로 나눠지는데, 명령 프레임은 1차 스테이션이 2차 스테이션에 대한 명령을 전송하는 프레임이고, 응답 프레임은 2차 스테이션이 1차 스테이션으로 응답을 전송하는 프레임이다. 프레임의 구성은 다음과 같다.

- Flag : 8Bit
- 주소 : 한 개 이상의 8Bit
- 제어 : 8 또는 16Bit
- 데이타 : 가변
- 프레임 검사 순서(FCS) : 16또는 32Bit

(3) 네트워크 계층

네트워크 계층은 데이타 링크 계층의 기능을 이용하여 하나 또는 그 이상의 통신망을 이루어 시스템 사이의 투과적인(transparent) 데이타 전송을 하는 기능을 갖는다. 즉, 네트워크 계층에 중계 기능을 구현하고 통신하는 응용 프로세스가 존재하는 개방 시스템 간의 지점간 통신로를 상위 계층에 제공하는 역할을 한다. 이를 위해 네트워크 연결을 설정, 유지, 해제한다. 네트워크층의 프로토콜은 많이 존재하나 그 중 가장 많이 알려져 있고 중요한 프로토콜은

CCITT 권장 X.25 패킷 교환 DTE/DCE 인터페이스의 패킷 레벨 프로토콜이다. 패킷 교환망은 스테이션 중심으로 생각해보면 최대 길이 이상의 메시지는 작은 단위로 쪼개서 한 번에 한 개씩 전송되는데, 이 경우 데이타 단위를 패킷이라고 한다. 컴퓨터 네트워크의 분야에서 송수신되는 데이타를 일정한 길이로 잘라서 각각의 송수신 주소를 지정하여 패킷으로 다루는 방식을 패킷 교환방식이라 한다. 패킷 교환망의 특징은 고신뢰성, 고품질, 패킷 멀티 플랙싱, 다른 기종 단말간의 통신, 정보량에 따른 요금 체계라고 할 수 있다.

(4) 트랜스포트 계층

시스템들이 정보를 주고 받을 때 필요한 기능을 2가지로 나누어 볼 수 있는데, 하나의 한 시스템에서 다른 시스템으로 내용에 상관없이 데이타를 전송하는 통신기능이고 다른 하나는 두 시스템이 공동으로 협력하여 어떤 목적을 위해 처리를 수행하는 기능을 응용 기능이라 한다. 응용 기능의 처리를 위해서는 두 시스템이 서로 의미가 있는 데이타를 주고 받는다. 이런 두 가지의 기능을 효율적으로 대응할 수 있는 것이 트랜스포트 계층이다. 트랜스포트 계층의 역할을 한마디로 말하자면 통신망의 차이를 좁히고 응용기능이나 시스템 운영자의 요구에 대응하여 신뢰성있고 경제적인 통신망을 실현하는 것이라 할 수 있겠다.

트랜스포트 계층은 높은 신뢰성으로 경제적인 통신 기능을 실행하기 위해 많은 기능을 갖고 있는데, 대표적인 기능은 다음과 같다.

- 다중화와 역 다중화 : 복수개의 TC(Transport Connect)가 한 NC(Network Connect)를 공통적으로 사용하는 기능.TC는 응용 기능이 통신 기능을 사용할 때 시스템간에 설치되는 파이프이며, NC는 트랜스포트 계층이 각각의 통신망을 이용할 수 있게 하는 파이프이다.
- 분류와 합류 : 한 TC가 복수개의 TC를 사용하는 경우로 TC가 요구하는 데이타양을 하나의 NC로 처리할 수 없는 경우 분류와 합류 기능을 이용하여 TC가 취급하는 데이타 양을 효과적으로 처리할 수 있다.
- 분할과 조립 : 하나의 TSDU를 여러개의 TPDU로 분할하여 송신하고, 수신측에서는 분할된 TPDU를 다시 조립하여 본래의 TSDU로 만드는 기능이다.

- 연결과 분리 : 연결기능은 송신측에서 복수개의 TPDU를 결합하여 하나의 NSDU로 송신하고, 수신측은 각 TPDU로 분리하여 처리하는 기능을 말한다.
- 에러 제어 : 통신망에서의 데이타 변조 등을 검출하기 위해 송신측이 부가하는 코드를 수신측에서 검사하거나 데이타 분실 등을 검출하기 위한 타이머 감시 등을 수행하여 TPDU의 분실, 벼노, 중복, 추월 등의 장애를 검출하는 기능이다.
- 복구 기능 : 검출된 장애나 하위층이 전달한 장애로부터 복구시키는 기능이다.
- 흐름 제어 : 데이타 수신측의 응용 기능이 버퍼 사용 상태에 따라 수신을 조절할 수 있게끔 데이타 흐름을 각 TC마다 조절하는 기능이다.

(5) 세션 계층

세션 계층의 역할은 다양한 응용을 설정할 때 상위층에서 필요한 전송 제어 기능을 상위층에 제공하는 것이다. 목적은 상위층의 엔티티가 그들의 대화를 맞추고 데이타 교환을 관리하는 방법을 제공한다. 즉, 세션 계층은 두 상위층의 엔티티간에 세션 연결 성립을 위한 서비스를 제공하고 데이타를 순서적으로 교환한다. 상위층 사이의 데이타 전달을 위한 세션 연결은 트랜스포트 연결에 접속되고 트랜스포트 연결을 사용한다. 세션 계층은 원하는 상대방의 연결 설정 및 데이타 송신권에 대한 제어 수단, 전송 데이타의 구분점을 표시하는 수단 등을 제공한다. 세션 계층 내의 기능은 크게 대화 관리, 데이타 흐름 재동기에 관련되어 있고, 이것은 세션 연결 확립 단계(session connection establishment phase), 데이타 전송 단계(data transfer phase), 연결 해제 단계(connection release phase)로 나눌 수 있으며 이들은 각각 기능 단위로 나뉘어 진다.

(6) 프레젠테이션 계층

이 계층의 역할은 상위층인 응용 계층의 다양한 표현 양식을 범용적인 전송 방식으로 변환하고, 암호화, 데이타 압축 등을 행한다. 목적은 응용 프로그램을 실행하기 위해 교환되는 정보에 대해 전송 구문과 추상 구문의 규정을 독립시켜 일반적으로 체계적인 정보 표현 규칙의 실현을 가능하게 하는 것이다. 프레젠테리션층은 응요에서 사용하는 추상 구문을 전송 구문으로 변환하거나 반대로 전송 구문을 추상 구문으로 역반환시키는 기능을 수행한다. 또 프레젠테이션 계층에는 양계층의 공통되는 추상구문 표기법인 ASN.1(Abstract Syntax Notation One)과 부호화 규칙이 정의된다. 프레젠테이션 실체는 프레젠테이션 서비스 액세스점(PSAP : Presentation Service Access Point)을 통해서 프레젠테이션 서비스를 PS 이용자에게 제공한다. 프레젠테이션 실체는 프레젠테이션 프로토콜에 따라 상호 통신을 수행함으로써 프레젠테이션 서비스를 실현하게 된다. 그럼 프레젠테이션 서비스 기능은 다음과 같다.

- 연결 확립 기능 : PS 사용자는 이 기능에 따라 PSAP(Presentation Service Access Pont)의 주소를 지정해서 대응하는 PS사용자와 프레젠테이션 연결을 확립한다.
- 연결 해제 기능 : PS 사용자간에 통신이 종료된 경우 또는 프레젠테이션 연결상에서 복구가 불가능한 경우에 이 기능에 의해 정상 해제나 강제 해제를 행한다.
- 콘텍스트 관리기능 : PS 사용자는 이 기능을 이용하여 프레젠테이션 연결상에서 DCS(Defined Context Set)의 요소를 삭제 또는 추가할 수 있다.
- 정보 전송 기능 : PS 사용자는 이 기능에 의하여 PSDU의 부호화 결과를 세션 계층의 NSSDU, TSSDU, XSSDU 또는 수신 능력 데이타 교환 SS-DU로 전달하여 전송할 수 있다.
- 대화 제어 기능 : PS 사용자는 이 기능에 의해 세션 계층이 제공하는 토큰 제어, 동기점 제어, 액티비티 관리 등의 서비스를 이용할 수 있다.

(7) 응용 계층

응용 계층은 OSI 참조 모델의 최상위 계층으로서 응용처리를 행하는 응용 프로세스간의 인터페이스나 통신을 위한 기본적인 응용을 제공한다. 응용 계층에서 사용자들은 자신의 응용 프로그램을 작성할 수 있어야 하며, 이들 응용 프로그램은 트랜스포트, 세션 또는 프레젠테이션 계층들을 적절하게 경유하여 컴퓨터 네트워크의 기능을 발휘하게 된다. 또한 어떤 유틸리티 등급에 속하는 응용들은 표준화 되어야하고 보편적으로 통용될 수 있어야 한다. 응용 계층에 속하는 서비스나 프로토콜로는 전자우편, 원격 작업 입력, FTP, Teletext, Videotex 등이 있다.

1.4 Peer-to-Peer 통신

양 단간의 통신을 할 때 각 계층 끼리의 통신 규약이 같아야 함을 의미한다. 즉 통신 프로토콜의 각 계층 들 끼리는 서로 일-대-일 통신이 가능한 것이다. 다음 그림은 OSI 7 계층 모델의 양 단간의 통신에서 각 계층 별로 대칭되어 통신 할 수 있는 Peer-to-Peer 통신을 의미한다.

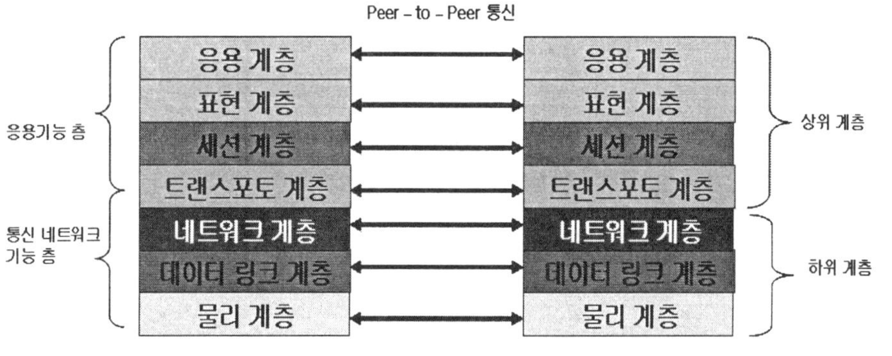

[그림 1-5] OSI 7 계층 모델의 Peer-to-Peer 통신

1.5 표준화

표준화란 다양하게 존재하는 통신 프로토콜 등을 국제적 및 국내적으로 표준을 잡아 동일한 프로토콜을 사용하게 함으로써 국제 및 국내 어디서나 같은 표준을 사용하는 임의의 통신 Device 간에는 원할한 통신이 가능하도록 하게 하는 것이다. 세계적인 표준 기관으로는 ISO, ANSI, IEEE 등이 있다. 다음은 표준화 기관인 IEEE에서 표준 작업을 하는 그룹으로 표준 규격 명 및 표준 내용을 보여 준다.

규격명	내용
IEEE 802.1	HILI(High Level Layer Interface)
IEEE 802.2	LLC(Logical Link Control, MAC을 이용하지 않는 데이터 교환 표준)
IEEE 802.3	CSMA/CD(Carrier Sense Multiple Access/Collision Detection, 일반적인 10M/100M/Gigabit Ethernet 규격을 말함)
IEEE 802.4	Token Bus
IEEE 802.5	Token Ring
IEEE 802.6	MAN(Metropolitan Area Network, 도시 규모의 대규모 네트워크)
IEEE 802.7	BBTAG(Broadband Technical Advisor Group, IEEE 802.3/4를 위한 광대역 LAN 스펙 설정)
IEEE 802.8	FOTAG(Fiber Optics Technical Advisor Group, 광섬유 네트워크를 위한 스펙 설정, IEEE 802.3~6, 14를 위한 규격)
IEEE 802.9	ISLAN(Integrated Service LAN)
IEEE 802.10	LAN Security(OSI Layer 7의 암호 관리 및 Layer 2의 LLC-MAC의 보안된 데이터 교환 규격)
IEEE 802.11	Wireless LAN(무선 LAN)
IEEE 802.12	Demand Priority
IEEE 802.13	지정되지 않음(불행의 숫자이므로 결번.)
IEEE 802.14	Cable TV Protocol(케이블 모뎀 표준 규격)

특별히, 무선 표준 관련 워킹그룹으로는 다음과 같은 누선 표준화 워킹 그룹들이 표준 활동을 하고 있다.

- IEEE 802.11 그룹 : Wireless LAN 워킹 그룹
- IEEE 802.15 그룹 : Wireless Personal Area Network(WPAN) 워킹 그룹
- IEEE 802.16 그룹 : Broadband Wireless Access 워킹 그룹
- IEEE 802.20 그룹 : Mobile Broadband Wireless Access(MBWA) 워킹 그룹

위의 각 그룹에서는 세부 기술 내용으로 그룹이 나뉘는데 예를 들어 IEEE 802.15 그룹 중에서는 IEEE 802.15.1 그룹은 블루투스, IEEE 802.15.3 고속 PAN, IEEE 802.15.4 그룹은 저속 PAN인 무선 센서 네트워크 표준화 그룹으로 나뉜다.

1.6 무선 네트워크 프로토콜

무선 LAN 이나 PAN 등의 모뎀 시스템의 프로토콜을 분석해 보면, RF(Radio Frequency), 변복조(Modulation/Demodulation) 시스템 및 물리적 신호의 동기, 잡음/반향 제거 등 신호처리 등은 물리 층이라 할 수 있다. 그리고 각 변 복조간의 링크를 설정하는 등 무선망을 설정하며, 논리적으로 채널을 관리하며, 전송량의 자원을 관리해주는 MAC(Media Access Control) 층이 있다. 이 두 층은 무선 통신을 가능하게 하는 2개의 중요한 프로토콜 계층이라 할 수 있다. 그런데, 모뎀과 같은 무선 통신 기기를 컴퓨터와 같은 시스템과 연결하여 사용하기 때문에 일반 시스템과 Interface 연결이 요구된다. 결국 컴퓨터와 모뎀 기기가 연결된 무선 통신 시스템의 프로토콜 하이라키 구조는 다음과 같다.

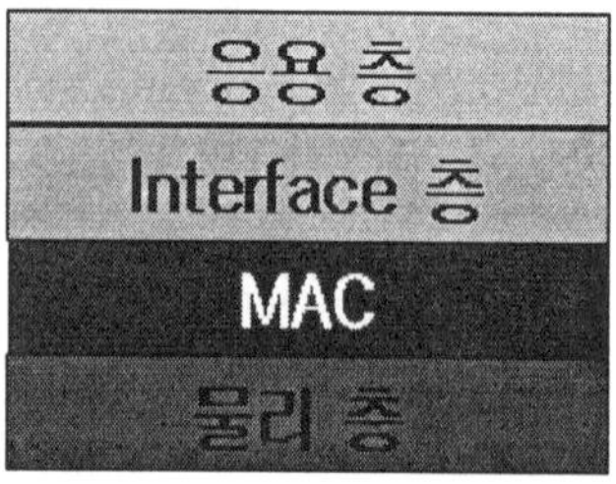

[그림 1-6] 무선 통신 시스템 프로토콜 구조

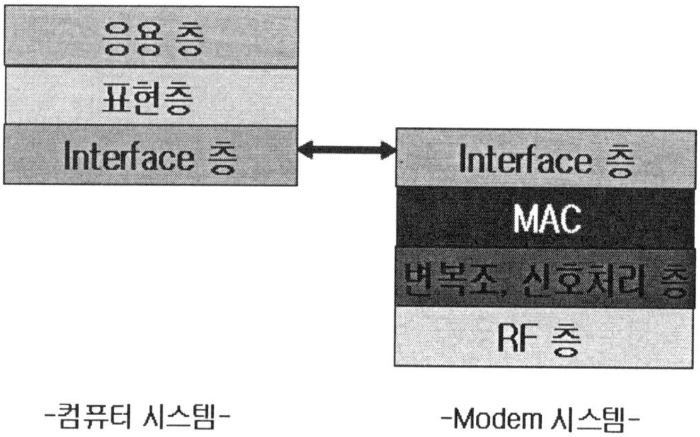

[그림 1-7] 모뎀 시스템 프로토콜 구조

제 2 장

무선 물리층

2.1 RF(Radio Frequency)

무선 주파수 전류가 안테나에 공급되었을 때, 공간을 통해 전파되는 전자기장을 발생시킨다. 이 자계는 때로 무선 주파수 자계라고도 불리며, "무선파"라고도 부른다. 어떠한 무선주파수 자계라도 파장은 주파수와 반비례 관계를 갖는다. 만약 주파수를 f 라하고 파장을 s 라 하면, s = 300/f가 된다.

무선 주파수 스펙트럼은 몇 가지 대역으로 나뉘어진다. 가장 낮은 주파수 대역을 제외하고는, 각 영역은 크기 순서에 따른 주파수 상승을 의미한다. 아래의 무선 주파수 스펙트럼 내의 여덟 개 대역을 서술하였는데, 주파수와 대역폭의 범위를 보여주고 있다. SHF와 EHT 대역은 종종 극초단파 스펙트럼이라고 불려진다. 다음은 각 주파수 대역에 따른 분류로 주파수대와 공간 파장을 위미한다.

- 초장파(Very Low Frequency) : VLF, 9kHz~30kHz, 33km~10km
- 장파(Low Frequency) : LF, 30kHz~300kHz, 10km~1km
- 중파(Medium Frequency) : MF. 300kHz~3MHz, 1km~100m
- 단파(High Frequency) : HF, 3MHz~30MHz, 100m~10m
- 초단파(Very High Frequency) : VHF, 30MHz~300MHz, 10m~1m
- 극초단파(Ultra High Frequency) : UHF, 300MHz~3GHz, 1m~100mm
- 초고주파(Super High Frequency) : SHF, 3GHz~30GHz, 100mm~10mm
- 마이크로파(Extremely High Frequency) : EHF, 30GHz~300GHz, 10mm~ 1mm

특별히, 무선 LAN 이나 PAN 등에서 사용하는 RF 주파수 대역은 비 면허 무선 허가 대역인 ISM 밴드인 2.4 GHz 대역을 활용한다. 즉, 미국, 일본, 유럽, 캐나다 및 한국의 주파수 관련 규제 관청에서 정하는 2.4-2.4835 GHz 의 주파수 대역에서 동작할 수 있도록 하는데, 각각의 중심 주파수를 갖는 몇 개의 다 채널로 나누어 사용한다. 다음 그림은 2.4 GHz 대에서 채널을 나뉘어서 관리 되는 것을 의미한다.

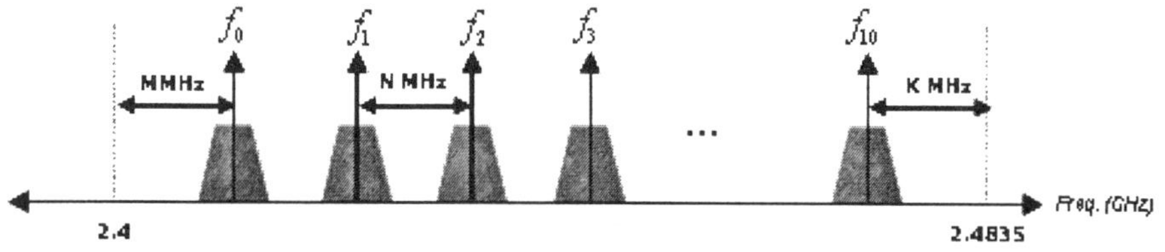

[그림 2-1] 2.4 GHz 대의 채널 모뎀 시스템 프로토콜 구조

(1) RF 전력 측정

RF의 전력은 무선 Modem 기기의 전력 소비의 대부분을 차지하기 때문에 중요한다. 이때, 송·수신 RF 전력 측정은 송 · 수신기와 안테나 커넥터 사이의 적절한 위치에서 측정되어야 한다. 측정 장비와 안테나 커넥터와는 완전히 임피던스 정합이 되어야 한다. 안테나 커넥터가 없는 장치에서는 측정값이 실효전방향 방사 전력(EIRP : effective isotropic radiated power, 0dBi 이득 안테나)으로 해석되며, 방사 측정값은 실제 구현에 있어서 안테나 이득을 보상할 수 있도록 보정 되어야 한다.

(2) 채널 스캔

RF 주파수의 채널이 나뉘어서 적당한 주파수를 찾아가며 통신 하는 모뎀 시스템에서는 다른 무선 네트웍이 있는지 채널을 조사하는 방법을 취하는데, 시스템을 디바이스가 무선 네트워크를 형성하기 위해 스캔할 때 모든 채널을 모두 조사하여 이미 선점된 채널과의 충돌을 피해야 한다.

(3) RF 방사 범위 및 온도

RF 전자파의 대역 내·외 방사는 관련 법규에서 정하는 양에 부합하게 설계되어야 하고, 상온 0~40°C에서 동작할 수 있어야 한다.

2.2 무선 물리 계층의 송수신 개요

일반적인 무선 통신의 물리 계층에서는 다음과 같은 사항들을 수행한다.

- RF 송수신
- 현재 채널의 에너지 검출에 의한 통신 유무 상태 점검
- 수신 패킷에 대한 네트워크 링크 품질 판단
- MAC 층에서 CSMA 등을 위한 CCA(clear channel assessment) 측정
- RF 채널 주파수 스캔
- 변복조에 의한 데이터 송신/수신

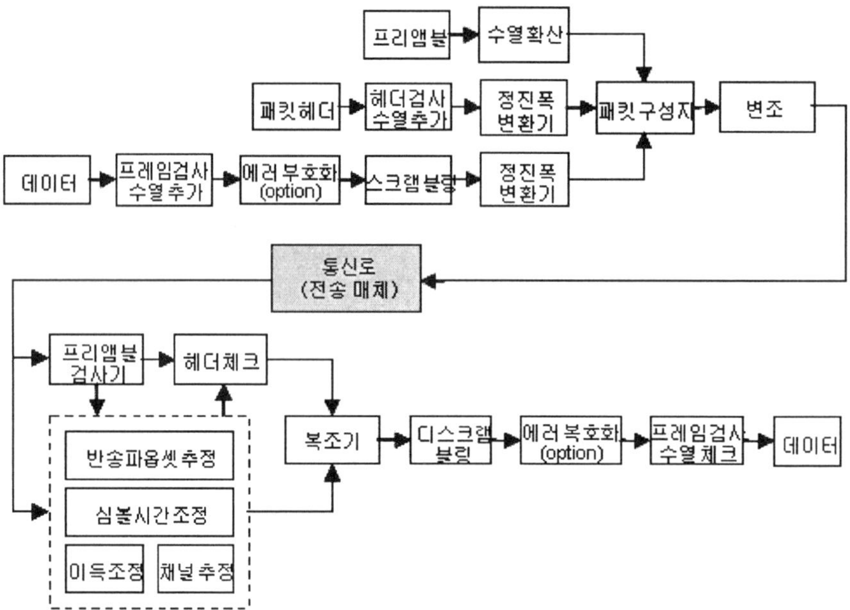

[그림 2-2] 무선 물리 층의 송수신 개요도

무선 물리 층에서의 대표적인 기능은 데이터를 변복조하는 처리 이다. 이 처리에 의하여 원 정보 데이터가 전송로 속도에 적합하게 변형될 수 있다. 또한, 송수신기의 물리적인 비트 열의 타이밍을 위해 프리앰블 및 스크램블링 등을

하여 Packet 화 하여 전송하게 변조를 취하게 된다. 수신기에서는 반송파 추정, 심볼 간 시간 추정, 이득 및 채널을 추정한 후 헤더를 읽어가며, 복조를 하게 된다.

[그림 2-2]는 무선 물리 계층의 송신 및 수신의 개요도이다.

물리 계층 타이밍은 프레임 간 간격 수신-송신 전환 시간 채널 전환 시간 등의 파라미터에 의하여 결정 된다.

(1) 프레임간 간격

동일한 제품 구현을 위해서프레임간 간격을 지원하여야 한다.

(2) 수신-송신 전환 시간

수신-송신 전환 시간은 전력 상승 구간을 포함하여 수십 μs 이내여야 한다. 수신-송신 전환 시간은 마지막 심벌로부터 측정 하여야 하며 다음 물리 계층 프리앰블의 심벌이 준비 될 때 까지를 무선 구간에서 측정한다.

(3) 채널 전환 시간

채널 전환 시간은 기존 채널의 마지막비트를 안테나에서 수신할 때부터 새로운 채널을 송·수신 할 준비가 될 때까지 시간을 의미한다. 채널 전환 시간 수 백 μs 이내여야 한다.

2.3 변복조 방식

무선 변복조 방식으로는 정보를 반송파의 진폭, 주파수, 위상 등에 변화를 줌에 따라 진폭 변조, 주파수 변조, 위상 변조 등으로 나뉜다.

- 진폭 변조 : 디지털 정보의 변화를 반송파의 진폭포으로 변화를 주어 변조함
  (ex) ASK, QAM
- 주파수 변조 : 디지털 정보의 변화를 반송파의 주파수로 변화를 주어 변조함
  (ex) MSK, GMSK
- 위상 변조 : 디지털 정보의 변화를 반송파의 위상으로 변화를 주어 변조함
  (ex) PSK, QPSK, DPSK ...

다음 그림은 정보를 발진기에서 발생하는 임의의 반송파에 영향을 줌으로써 변조하는 개념도를 의미한다.

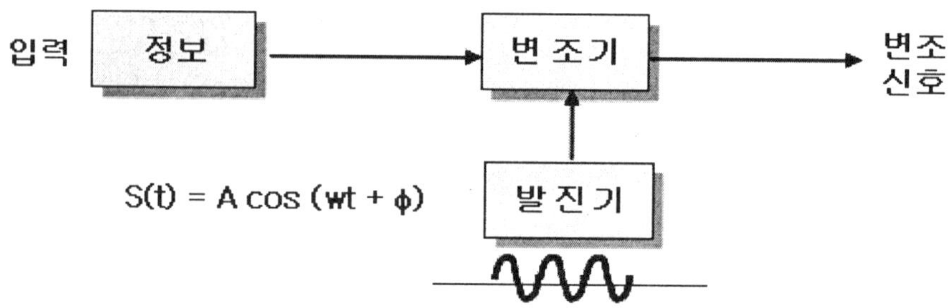

[그림 2-3] 변조 시스템

다음은 무선 통신에서 활용되는 대표적인 변조 방법의 예이다.

- ASK
  - M-ary ASK : M 진 방식의 진폭에 정보 변화를 줌
  - QAM(APK) : 진폭과 위상에 정보 변화를 줌
- FSK

- MSK(CPFSK) : 연속적으로 위상을 변조하는 주파스 변조 방법
- GMSK : MSK 이후에 가우신안 필터를 통과하는 방법

• PSK
- M-ary PSK : M = 2n 의 위상으로 변조
- DPSK : 서로 이웃하는 위상으로 변조
- QPSK : 4 개의 위상으로 변조

2.4 접속 방식

대표적인 무선 네트워크에서의 무선 접속 방식은 OFDM, CDMA, TDMA가 있다.

(1) OFDM(Orthogonal Frequency Division Multiplexing)

미래의 이동통신 수요자들의 수요를 충족시키기 위해서는 이동 통신은 고속 데이터 통신이 가능하도록 발전해 나갈 것으로 예상된다. 이를 위해서는 무선 구간에서의 고속 데이터 통신이 가능해야 한다. 무선 링크에서 고속의 데이터 통신을 제공하기 위해서는 넓은 대역폭이 필요하게 되고 반면에 한 개의 심볼이 차지하는 시간은 매우 짧아지게 되었다. 그런데 무선 구간에는 다중 경로가 존재하기 때문에 전송된 한 개의 심볼이 두 가지 다른 경로를 따라 도착하는 데에는 시간의 차이가 발생할 수 있다. 한 심볼의 신호 중에서 상대적으로 긴 경로를 따라 도착한 신호는 그 다음 심볼의 신호 중 짧은 경로를 따라 도착한 신호에 간섭을 일으킨다. 이러한 ISI(Inter-symbol Interference)는 무선 구간이 더욱 고속으로 됨에 따라 더 심각한 문제가 된다.

이러한 문제를 해결하는 한 가지 방안으로는 주파수 대역을 작은 여러 개의 subcarrier로 나누고 전송하고자 하는 data stream을 각 subcarrier에 나누어 전송하는 FDM(Frequency Division Multiplexing) 방법을 생각할 수 있다. 이 경우 각 subcarrier의 전송 속도는 느리기 때문에 한 symbol 구간이 길어져서 앞에서 설명한 ISI의 문제가 크게 줄어들게 된다. 원래 FDM은 하나의 넓은 대역폭을 여러 개로 나누어서 여러 쌍 간의 통신 수요를 다 같이 전송하고자 하는 다중화 기술이었지만 변복조에서는 FDM은 한 쌍의 통신 수요를 여러 개의 subcarrier에 나누어 전송한다는 점에서 다중화 기술이라기 보다는 변조 기술이라고 보아야 할 것이다.

이렇게 FDM을 이용하여 하나의 data stream을 여러 subcarrier에 나누어 전송하는 방식은 ISI의 영향을 줄일 수 있다는 장점이 있지만 반면에 single carrier에 비하여주파수가 낭비 된다는 단점을 가지고 있다. 다음은 Single carieer에 의한 주파수 대역(Spectrum)을 보여준다.

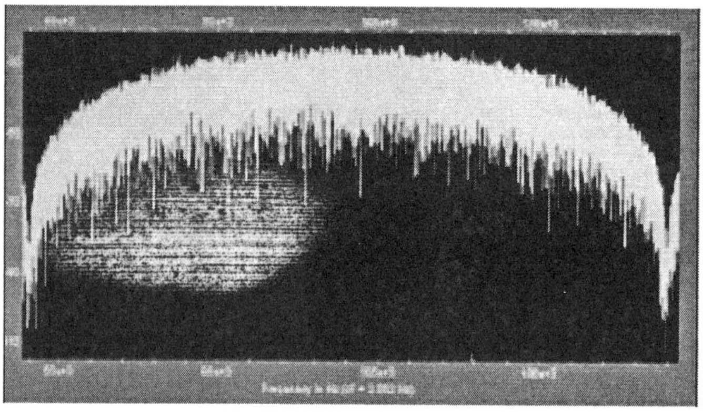

[그림 2-4] single carrier 방식

다음 그림은 전통적인 FDM을 이용한 multicarrier방식을 보여 주고 있다. FDM에서는 subcarrier간에 interchannel interference를 없애기 위하여 서로 중첩되지 않게 subcarrier가 배치되어야 하기 때문에 낭비되는 주파수 부분이 존재한다. 따라서 전체대역을 single carrier로 사용할 때에 비하여 전송속도는 떨어지게 된다.

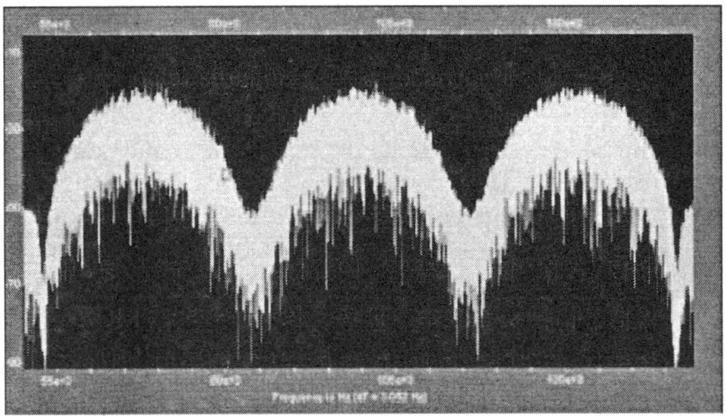

[그림 2-5] FDM에 따른 multicarrier 방식

이러한 비효율성을 없애기 위하여 subcarrier들을 다음 그림과 같이 중첩하여 배치하는 방안이 제안되었다. 이 경우 주파수가 중첩되는 부분에서는 subcarrier들 간에 간섭이 발생하게 되는데 이의 영향을 없애기 위하여 인접한 두 개의 subcarrier들이 중첩된 구간에서 서로 수학적으로 orthogonal 한 성질을 가지도록 각각을 modulation을 할 수 있다면 위 그림 에 비하여 훨씬 효율적인 주파수 사용이 가능하게 될 것이다. 그 후 실제로 이러한 기술이 개발되었고 이러한 방법으로 중첩된 subcarrier들을 사용하는 FDM방식을 OFDM(Orthogonal Frequency Division Multiplexing)이라고 한다.

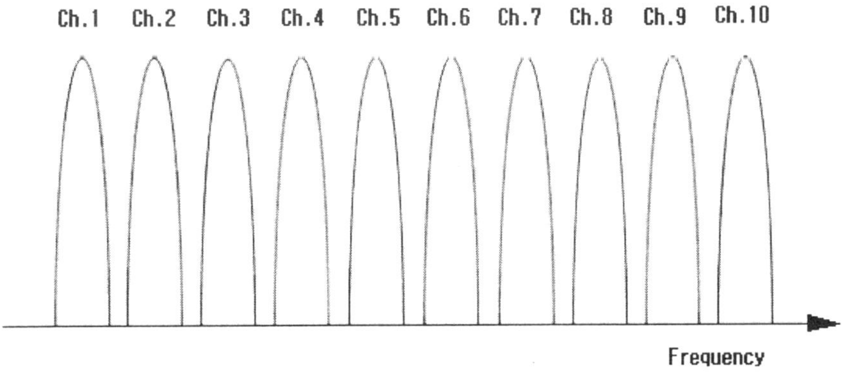

[그림 2-6] FDM에 따른 multicarrier방식

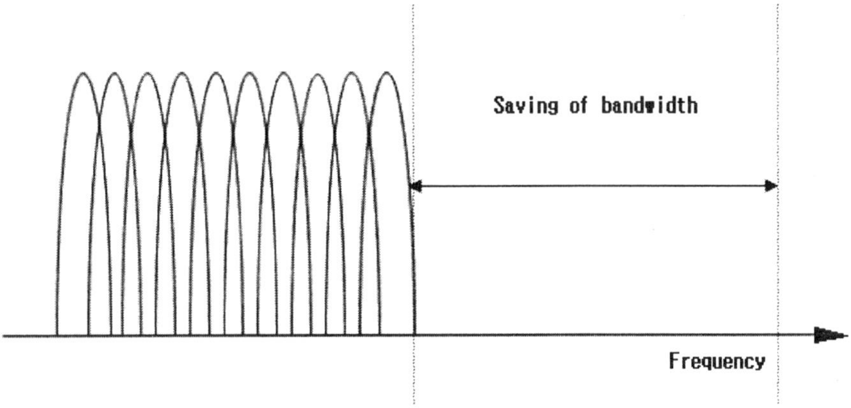

[그림 2-7] OFDM에 따른 multicarrier방식

다음 그림은 정보 신호를 임의의 블록으로 병렬 처리한 후 IDFT(Invesre Discrete Fourier Transform)을 취하는 OFDM을 보여준다. 이 때 수신 단에서는 역으로 DFT(Discrete Fourier Transform)를 취한다. 이 때, DFT를 수치적으로 빨리 계산하는 방방법을 FFT(Fast Discrete Fourier Transform)이라고 한다.

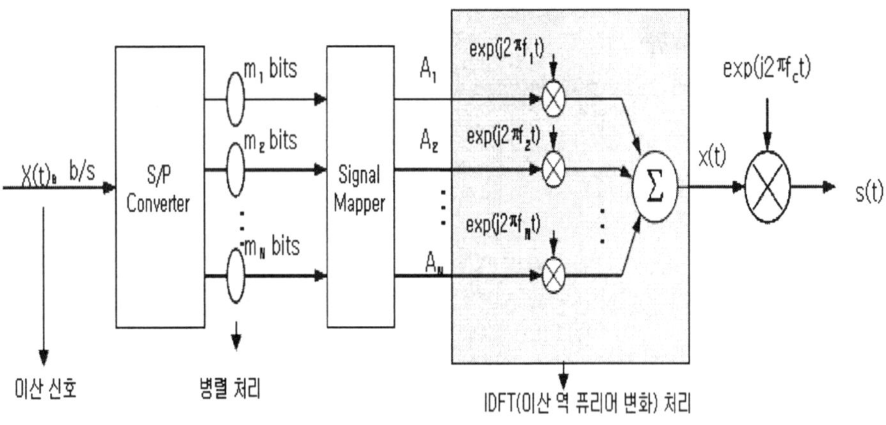

[그림 2-8] OFDM 처리기

(2) CDMA(Code Division Multiplexing Access)

미국 퀄컴사가 주파수 대역확산 기술을 응용하여 개발한 부호분할 다중접속 방식의 디지탈 셀룰라 시스템으로 여러 사용자가 시간과 주파수를 공유하면서 신호를 송수신할 수 있는 시스템이다. TDMA 방식이 사용자가 동시에 말한 것을 기계적으로 시간을 구분하는 것이기 때문에 완전한 동시 사용이라고 할 수 없지만 CDMA방식은 여러 사용자가 동일한 주파수를 동시에 사용하므로 가입자 수용 용량을 그만큼 늘릴 수 있는다. CDMA 방식의 디지탈 이동전화 시스템의 상용화 기술은 최근에 나온 기술이지만 CDMA 이론은 1950년대에 이미 정립되었고 1960년대부터는 군통신에서 사용하고 있다. 군통신은 무엇보다도 도청 방지가 중요한데 CDMA 방식의 기술적 근간이 되는 대역확산(Spread Spectrum) 기술이 군통신의 도청 방지에 적용되었던 것이다.

CDMA 방식의 특징을 분석해 보면 다음과 같다.

- 대용량 : 동일한 주파수를 많은 셀에서 사용할 수 있으며 타방식 보다 간섭이 적고 통화자가 침묵하고 있는 시간동안 전송을 중지함으로써 아날로그 방식보다 수용 용량을 10배 이상 높일수 있다.
- 고품질의 서비스 제공 : 아날로그 방식에서는 다중 경로로 들어오는 신호들이 통화에 상당히 나쁜 영향을 미친다. 그러나 CDMA에서는 이러한 다중 경로 신호를 각각 분리하여 양호한 신호를 선택 사용하므로 아날로그 방식보다 품질이 우수하고 핸드 오프시 통화의 절단이 없는 소프트 핸드오프 방식을 사용하므로 통신의 품질이 양호하다.
- 보안성 : 아날로그 신호의 디지탈화에 따른 암호화, 광대역 방식에 따른 도청의 한계, 사용자마다의 PN(Pseudo Noise) 코드 사용에 의한 암호화 등으로 인해 통화 비밀을 유지할 수 있다.
- 고품질의 데이타 서비스 : 디지탈 방식에서는 모든 신호가 디지탈로 처리되므로 이 방식을 이용해 데이타 서비스를 하기가 쉬워진다. 특히 팩스 등의 데이타 서비스에서 통화 절단이 없으므로 데이타 서비스 등에 상당히 우수한 방식이다.
- 적은 소비 전력으로 인한 소형 경량화 가능

CDMA는 진송하고자 하는 신호에 PN code를 곱해서 내역 확산한 후 선송하며, 이 때 전송로에서의 통신 신호의 대역폭이 확산되어있다. 수신 단에서는 여러 신호 중 코드에 의해 자기 신호만을 검출하는 방식을 취한다. 다음 그림은 PN code에 의하여 스펙트럼 영역에서 대역 확산된 그림이다.

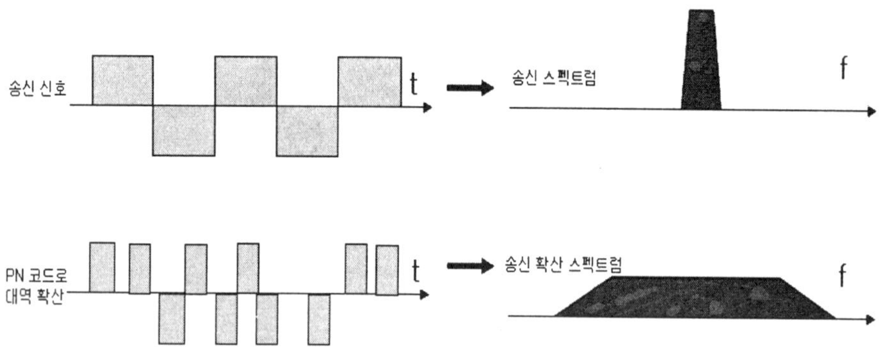

[그림 2-9] CDMA의 대역 확산 스펙트럼

다음 그림은 여러 사용자 각각이 노이즈와 연계함으로써 노이즈 형태로 다중화 되는 CDMA 송신 개념도를 의미한다.

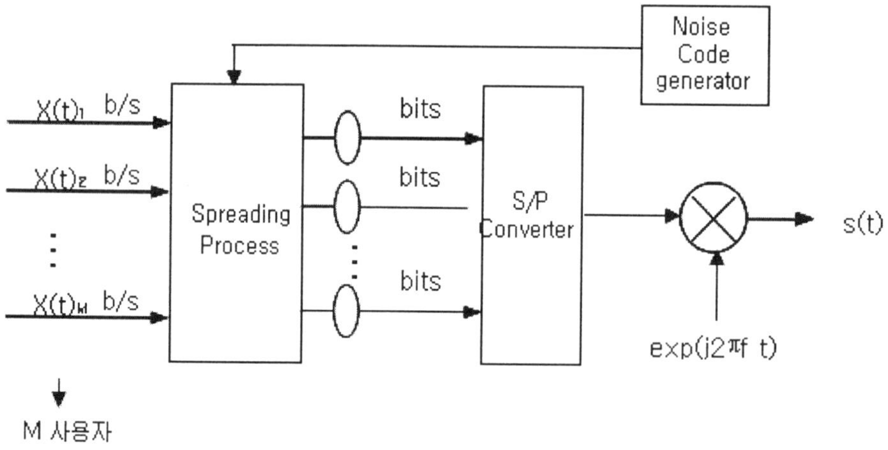

[그림 2-10] CDMA의 처리기

(3) TDMA(Time Division Multiplexing Access)

엄밀히 말하면 MAC(medium Access Control) 층으로써 시간적으로 데이터를 나누어 각 무선 네트워크의 사용자가 접속하는 방식으로 통신 채널을 시간 슬롯으로 구분하여 사용하며, 대표적인 예로는 유럽 주축의 이동 통신 방식인 GSM(Global System for Mobile Communication)방식과 미국 TDMA 방식 등으로 나눌 수 있다.

(4) CDMA, TDMA, FDMA 다중 접속 방법 비교

CDMA와 TDMA 및 OFDM을 비교 분석해 보면 다음 그림과 같다.

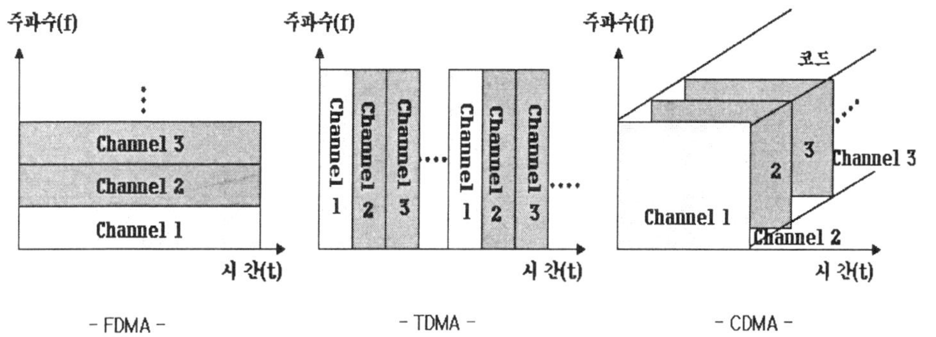

[그림 2-11] FDMA, TDMA, CDMA의 비교

즉, 각 채널을 시간적으로 분할하거나 주파수 대역에서 분할함에 따라 TDMA 및 FDMA 로 나뉘고, Direct Sequence 방법에 의해 PN 코드와 같은 잡음 발생 코드를 이용하여 송수신단에서 약속된 사용자가 접속하는 방법을 CDMA 라고 한다.

(5) Binary-CDMA(Binary Code Division Multiple Access)

CDMA 방식의 변형 형태로써 PN 코드 등에 의해서 잡음 화된 신호를 이진화 시키는 방법으로 잡음성과 세밀하고 유연한 자원할당 등의장점을 가지고 있다. 무선네트워크 환경에 적합한 방법으로 CDMA의 특성에 따라 대역폭을 코드단위로 조정할 수 있어 PAN계열의 유연한 다중접속 방식이다.

(6) WCDMA(Wideband Code Division Multiple Access)

WCDMA는 유럽중심의 비동기 IMT-2000 서비스의 표준 기술 규격을 말한다. 기본적으로 기존의 CDMA를 유럽의 GSM(TDMA)망에 잘 호환될 수 있도록 만들어진 광대역 CDMA 규격이다. 이 때, GSM(Global System for Mobile)이란, 유럽의 1세대 이동전화의 호환성 문제를 해결하기 위해 개발된 2세대 유럽 TD-MA 이동통신 시스템이다. TDMA방식을 사용하는 GSM은 ISDN 시스템과 연동하여 데이타 서비스를 기획하였었다. 주파수는 역방향으로 890~915MHz, 순방향으로 935~960MHz 를 사용하며, 변조는 GMSK방식을 쓰고 있다.

제 3 장

무선 MAC층

3.1 CDMA－CD

(1) CSMA-CD

이더넷 통신에서 널리 사용하는 전송 프로토콜소서 IEEE 802.3 표준 규격으로 데이터를 송신하려는 클라이언트가 네트워크상에 다른 컴퓨터가 통신하고 있는지를 조사해 신호가 송출되고 있지 않을 시 데이터를 전송하는 구조다. 동시에 여러 노드에서 데이터를 전송할 경우 충돌이 발생하는데, CSMA-CD (Carrier Sense Multiple Access with Collision Detection)에서 충돌이 발생한 경우에 일정 시간 데이터를 가지고 있다가 다시 신호를 보내 통신을 제어한다.

이 때, CS(Carrier Sense)는 네트워크가 사용 중인지 알아내는 것을 위미하고, MA(Multiple Access)는 네트워크가 비어있으면 누구든 사용하는 사용자 접근을 의미한다. 또 CD(Collision Detection)는 메세지를 전달하면서 충돌 여부를 확인한다는 것을 의미한다.

(2) CSMA-CA

CDMA-CA(Carrier Sense Multiple Access with Coliision Avoidances)는 CSMA-CD의 변형으로서, 애플의 LocalTalk나, 기타 다양한 무선 접속방법들과 함께 사용된다. 장치들은 항상 네트워크의 반송파를 감지하고 있다가, 네트웍이 비어있을 때 목록에 등재된 자신의 위치에 따라 정해진 만큼의 시간을 기다렸다가 데이터를 보낸다. 목록 내에서 장치들간의 우선 순위를 정하고, 이를 재 설정하는 데에는 여러 가지 방법들이 사용된다. 일부 버전에서는, 충돌이 일어날 수 있으며, 이때에는 충돌 감지 절차가 수행된다. 특별히, 무선 LAN이나 Zigbee와 같은 무선에서 주로 사용하는 방식으로 CSMA-CD는 충동을 감지하며 원하는 데이터를 전송하는 방법인데 반하여 CSMA-CA는 충돌 회피 함으로써, 충돌을 미리 예방하한다. 하지만, 먼저 데이터 전송이 되고 있을 경우 다른 쪽은 자기 차례가 올 때까지 무조건 기다리게 된다. CSMA-CA의 단점은 네트워크 데이터 충돌 방지 방식은 네트워크의 사용 빈도가 많아져서 네트워크가 복잡해지면 충돌 방지의 신호에 의해 대역폭을 차지함에 따라 전송 속도가 매우 느려져 전송이 지연되게 된다. 다음 그림은 CSMA-CA 관련 Access를 의미하는 것으로 RTS는 데이터를 보낼 것이 있다는 것으로 보내고자 하는 수신 단에서 CTS를 보냈을 때 SIFS 구간으로 데이터 프레임을 전송한다. ACK 프레임이 전송되었을 때, 한 프레임 전송이 모두 끝난 것으로 한 개의 무선 네트워크는 인식 한다.

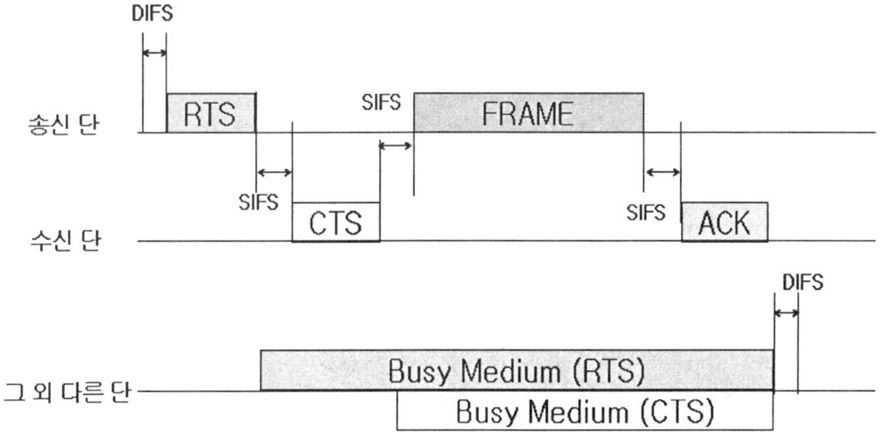

[그림 3-1] CSMA-CA

3.2 Ad-Hoc 네트워크

AP(Accss Point)와 같은 네트워크의 인프라 없이도 상황에 맞게 자유로운 네트워크를 구성할 수 있는 것을 Ad-Hoc 네트워크라 한다. 이 네트워크에 참여한 기기들은 그 역할에 따라 크게 마스터 또는 PNC를 중심으로 하나의 Pico

네트워크를 구성한다.

Ad Hoc 네트워크의 형태는 하나의 이동 단말기인 무선 다바이스가 구성된 단일 형태의 독립적인 네트워크로 구성된 경우와 기존의 인터넷 망 등과의 연동하는 네트워크 구성 등도 가능할 수 있다. 다음은 PNC를 기준으로 디바이스가 네트워크된 형태를 보여준다. 이 때 PNC는 각 디바이스에게 비콘(Beacon)을 전송함으써 네트워크 정보 및 데이터 정송을 운영하고 있다.

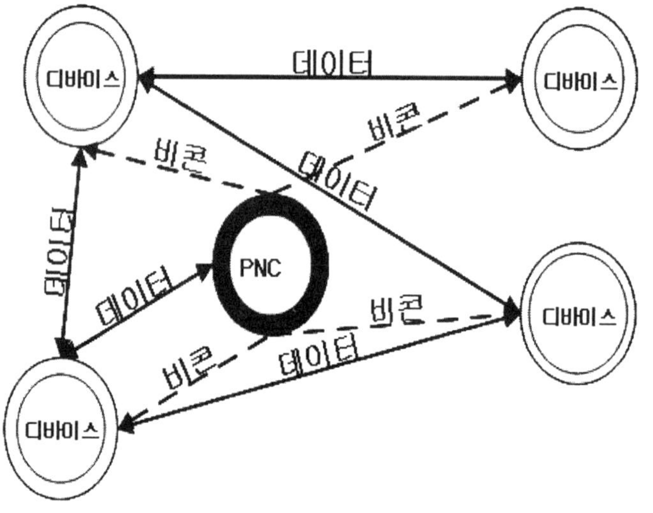

[그림 3-2] Ad Hoc의 한 Pico Network

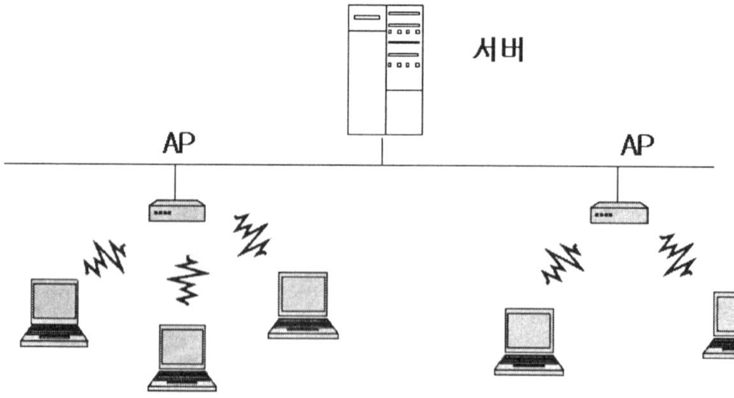

[그림 3-3] Infrastructure Wireless Network

Ad-Hoc 네트워크와는 대립되는 네트워크로 유선 환경에 기반을 두고 있으면서 AP(Access Pont)를 기준으로 무선 네트워크를 이루면서 유선 기존 인터넷망 등과 연계 되어 정보 데이터를 전송 한다. [그림 3-3]은 인터넷 망 등 기존의 유선 기반 네트워크와 AP를 중심으로 무선 네트워크다 연동된 기반(Infrastructure) 무선 네트워크를 보여 준다.

Ad-Hoc 네트워크의 가장 큰 득성은 인프라의 구성없이도 통신을 할 수 있다는 특성인데, 다음은 Ad-Hoc 네트워크의 특징이다.

- 가장 큰 특징은 네트워크에 참여하는 노드들이 가지는 이동성을 들 수 있다. 이러한 노드들은 네트워크내에서 컴퓨팅 기능을 가지고 있는 호스트이며, 또한 다른 네트워크와 통신을 하기 위한 라우팅 기능을 가진 라우터로서 작동하여야 한다.
- 동적인 네트워크 토폴로지를 가지게 된다. 이것은 이동성이라는 특징을 가지는 Ad-Hoc 네트워크내의 노드들이 네트워크에서의 진입과 이탈이 자유롭기 때문에 발생하는 문제로 네트워크는 이러한 현상이 발생하더라도 항상 네트워크가 붕괴되지 않고 통신할 수 있는 상태를 유지하여야 한다.
- 하나의 노드가 많은 기능을 선점하고 있는 것이 아닌, 여러 노드들이 제공하는 서비스를 분배하고 협력하여 제공하는 구조를 지녀야 한다.
- 불안정한 링크 특성을 가지게 되는데, 이것은 무선을 사용함으로써 생기는 문제로, 데이터에 대한 전송거리와 전송대역폭에 제약을 받고, 전파간섭/다중링크로 인한 보안 문제를 야기한다는 의미가 된다.

Ad-Hoc 네트워크의 데이터의 전송 경로인 경로 설정은 크게 테이블 기반 경로 설정과 요청에 의한 경로 설정 2 가지가 있다.

- 테이블 기반 경로 설정 : 각 노드들은 각 노드들의 인접한 정도의 전체 네트워크 정보를 주기적으로 갱신하는 테이블을 가지고 있어 이를 기반으로 정보를 이웃하는 노드에게 전송하면서 목적 노드까지 전송하는 방법
- 요청에 의한 경로 설정 : 정보의 전달을 위한 목적 노드 정보만을 가지고 있어 어떤 노드로 전송할지를 추정한 후 주위의 노드에게 전송하면서 목적지 까지 찾아가는 방법으로 ADOV(Ad-Hoc on Demand Distance Vector Routing)방법들이 있다.

무선 네트워크의 자원 관리는 무선 환경에서 전송 가능한 전송 량을 효율적으로 운영하여 그 네트워크에 연결된 모든 디바이스들이 한정된 전송 용량을 잘 분배함으로써 효율적인 양질의 전송 서비스를 지원하는 것이다. 전송 채널의 할당으로는 CDMA, TDMA, FDMA 등이 있을 수 있는데, 코드 분할 다중 접속(CDMA) 방식에서의 코드 채널(Code Channel)과 시간 분할 다중 접속(TDMA) 방식에서의 시간 슬롯(Time Slot). 코드 분할 접속 방식의 경우, 동시에 많은 채널을 사용하면, 전송 율이 증가하나, 에러율이 역시 함께 증가하는 특성을 가지고 있다. 결국 Ad Hoc 네트워크의 특성 및 채널 상황에 따라 데이터를 디바이스들의 요구 사항에 잘 맞게 할당하여 전송하여야 한다. 결국 PNC 또는 마스터에 의해 관리 처리하여, 가 디바이스들의 요청과 마스터의 판단에 의해 분배될 수 있다.

3.3 Ad-Hoc 네트워크의 네트워킹

(1) Single Networking(Intra - Networking)

다른 Device 또는 슬레이브들은 PNC나 Master에서 운영하는 네트워크 과정을 통해서 Pico Network에 접속 및 분리 또는 데이터 전송 등을 한다. 다음은 Ad Hoc 네트워크를 이루기 위해 다음과 같은 과정 들이 필요하다.

1) 네트워크 형성

PNC가 네트워크 요청을 하는 무선 Device들의 요청에 따라 각 Device의 네트워크 ID를 할당하는 등의 하나의 네트워크를 형성하고 비콘 등의 프레임을 기준으로 각 Device 들이 동기 비콘 패킷의 내용에 따라 전송하는 네트워크를 형성한다.

2) 네트워크 합류

네트워크에 합류하려는 디바이스 들은 PNC의 비콘 패킷을 주기적으로 수신하게 된다. 수신된 패킷이 원하는 네트워크의 비콘 패킷이라면 해당 네트워크의 PNC와 합류 절차를 시작하고, 이를 성공적으로 수행하면, 네트워크에 합류에 합류하게 된다.

디바이스 네트워크에 합류할 때는 자신의 정보를 마스터에 전송한다. 이 능력 정보에는 지원 가능한 물리계층데이터 전송 속도, 전력 관리 상태, 마스터 기능 수행 가능 여부, 그리고 기억 장소 크기 등의 해당 디바이스의 능력에 대한 정보가 담겨 있으며, 이 정보를 기준으로 PNC는 판단하여 새로 합류된 디바이스를 포함해 네트워크를 업데이트하고, 디바이스 들의 데이터 전송을 원활하게 운영한다.

3) 데이터 전송

데이터 전송을 원하는 각 디바이스 들은 PNC에게 데이터 전송을 위한 자원할당을 요구하고, PNC로부터 자원을 할당 받아 자신애개 할당된 자원을 이용하여 데이터를 전송하게 된다. 데이터 전송은 PNC, 디바이스간 뿐 아니라 디바이스, 디바이스 등 어떤 스테이션 간에도 이루어 질 수 있으며, 대체적으로 초기 자원 할당 시에만 PNC가 관여하게 되고, 자원이 할당된 이후에는 디바이스 사이에서 데이터 전송이 이루어진다..

4) PNC 변경

애드혹 네트워크의 특성상 PNC나 마스터는 매우 자주 다른 Device로 변경될 있다. 이러한 경우는 현재의 PNC나 마스터가 요청받은 서비스를 수행할 수 없는 상태이거나 PNC가 갑자기 사라지는 경우를 말한다. 이러할 경우에는 PNC가 가장 큰 능력을 소유한 디바이스에게 PNC를 양도하는 절차를 밟아야 한다.

5) 네트워크 분리

임의의 디바이스는 자발적으로 또는 PNC의 명령에 따라 네트워크에서 분리될 수 있다.

자발적인 분리의 경우는 분리를 원하는 디바이스가 PNC에게 분리요청 명령을 보냄으로써 이루어진다. PNC가 자발적인 분리를 원하는 경우에는 분리를 하기 전에 디바이스 중 가장 유능한 디바이스에게 마스터 기능을 양도한 후 분리할 수 있다. PNC가 현재의 네트워크 사정상 서비스하기 어려운 디바이스에게 분리 명령을 보냄으로써 강제적으로 분리시킬 수 있다.

6) 네트워크 해제

네트워크의 해제는 디바이스의 요청에 의한 정상적인 해제와 돌발적인 상황에 따라서 발생하는 비 정상적 해제의 두 가지로 구분할 수 있다.

- 정상적인 해제는 디바이스의 요청에 받아 PNC가 해제여부를 결정하여 이를 전체 PNC에게 통보함으로써 네트워크를 해제하는 것을 말한다. PNC 자신이 네트워크 해제를 요청함으로써 이 과정을 시작할 수도 있다.
- 비 정상적인 네트워크 해제는 네트워크에 참여한 전체 디바이스의 한꺼번에 전원이 꺼진다거나 개인 활동 영역 밖으로 나감으로써 네트워크가 해제되는 경우를 의미하나, 그 가능성은 매우 가능성이 희박하다

다음 그림은 PNC 또는 네트워크를 관리하는 디바이스와 외부에서 이 네트워크에 접속하고자 하는 디바이스 및 해제 하려는 디바이스의 네트워크의 접속 및 해제 흐름 도를 보여 준다.

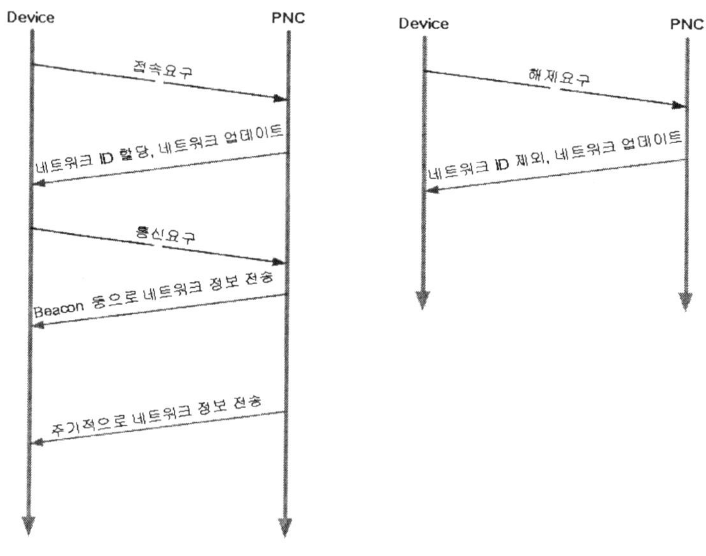

[그림 3-4] 무선 네트워크의 접속 및 해제

다음 그림은 한 무선 네트워크에서 PNC가 각 네트워크에 접속된 다바이스에게 네트워크 정보 즉, 채널 및 각 다바이스의 전송 시간 정보를 계속적으로 보내으로써 하나의 무선 네트워크가 관리 운영됨을 보여 준다.

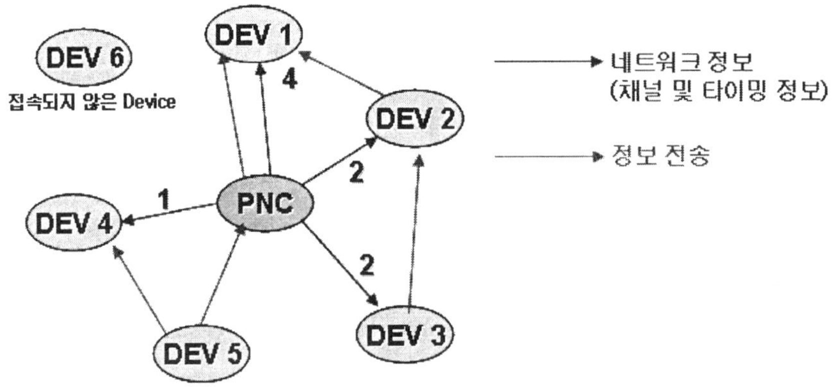

[그림 3-5] 단일 무선 네트워크의 운영

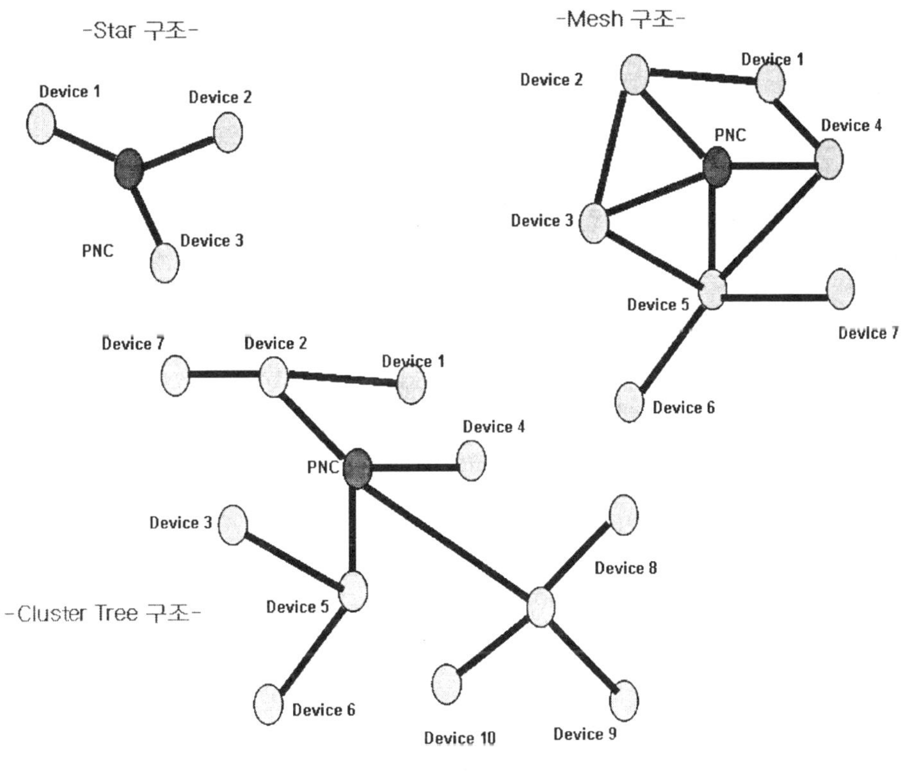

[그림 3-6] 무선 네트워크의 토폴로지 구조

[그림 3-6]은 PNC 및 디바이스가 어떤 기능을 가지고 네트워크를 관리 하는냐에 따라 다음 3 가지 등 형태의 네트워크 토폴로지가 형성 된다.

Star 구조는 PNC 모든 디바이스를 관리 한다. Mesh 구조는 PNC가 관리하면서 부분적으로는 각 디바이스가 주변의 디바이스와 서로 네트워크 정보를 교환한다. Tree 구조에서는 PNC와 연결된 임의의 디바이스가 PNC 역할을 하면서 다른 다바이스와 Star 네트워크를 형성하는 구조이다.

(2) Inter - Networking

한 개의 무선 네트워크와 다른 무선 네트워크와 통신을 위해서는 서로 연동하는 연계점이 있는데 크게는 유선과 연계될 수 있는 AP 등을 통하는 방법과 순수하게 무선 네트워크 간의 무선 연계를 하는 방법이 있다.

1) AP & Wire Network

기존의 구축되어 있는 인터넷 망과 같은 유선과 무선 네트워크를 관리하는 AP간의 연동이 되어 있는 상태에서 임의의 AP에 있는 디바이스와 다른 AP로 관리되는 무선 네트워크의 한 Device가 통신을 하기 위해 유선망을 통하여 서로의 정보를 전송할 수 있도록 네트워킹을 할 수 있는데 다음 그림은 AP와 유선망\을 기반으로 하는 Inter-Networking을 의미한다.

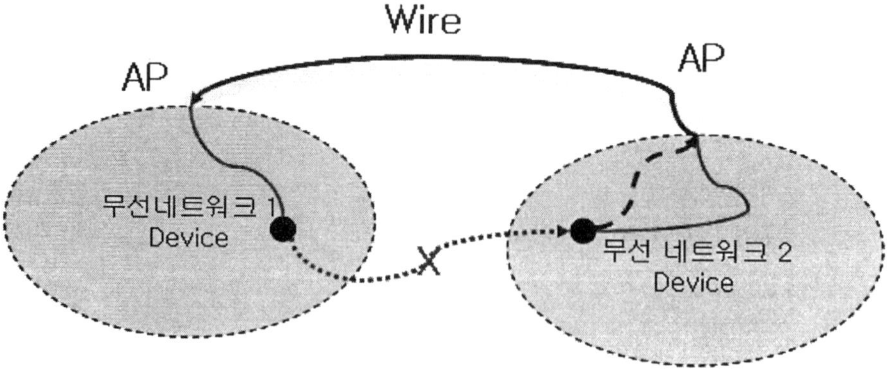

[그림 3-7] AP & 유선 기반 Inter-Networking

2) Scatter Network

2 개의 무선 네트워크가 있을 때 2개의 네트워크는 각 PNC 또는 임의의 Device 가 타이밍 또는 채널을 공유함으로써 서로의 네트워크 정보를 알 수 있도록 한다. 이 때 한 무선 네트워크에서의 디바이스가 다른 무선 네트워크의 디바이스에세 통신의 요청이 왔을 때 각 PNC는 공유된 채널 또는 시간 구간을 이용하여 정보 데이터를 전송한다.

다음 그림은 무선 네트워크 2의 디바이스 5가 무선 네트워크 1의 디바이스 2에게 통신하고자 할 때 각 무선 네트워크의 PNC 끼리 채널을 고유함에 따라 서로 다르게 관리되는 디바이스 5와 디바이스 2와의 통신을 하는 것을 보여준다.

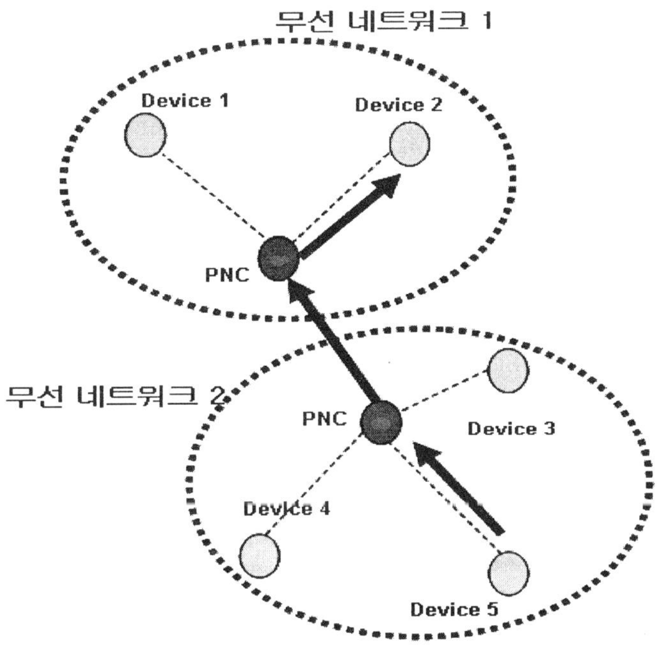

[그림 3-8] Scatter Networking

3.4 무선 네트워크의 프레임 구조

(1) Wireless LAN 프레임 구조

802.15.11 그룹에서 표준 작업을 하고 있는 Wireless LAN 은 다음 그림과 같은 프레임 구조를 같는다.

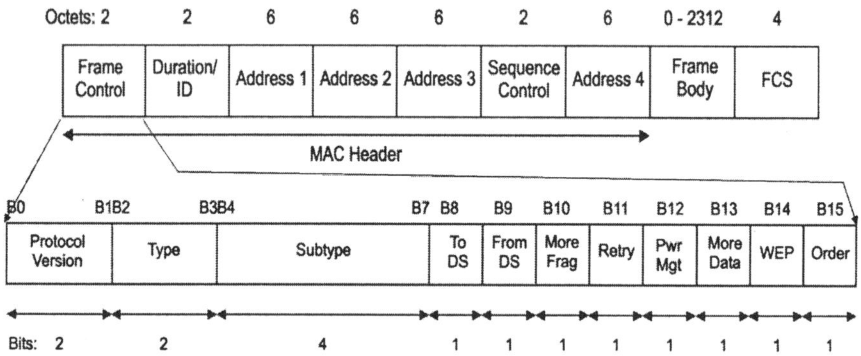

[그림 3-9] Wireless LAN의 프레임 구조

이러한 프레임은 CSMA-CA 방법에 의하여 경쟁적으로 전송하게 된다.

(2) 고속 무선 전송의 슈퍼 프레임 구조

802.15.3 그룹에서 표준 작업을 하고 있는 고속 무선 데이터 방에서는 Wireless LAN이 경쟁적으로 통신하는 CSMA-CA기반인데 비해 전체적으로 시간적으로 동기를 맞추어 통신하는 방식으로 슈퍼 프엠임 구조 형태로 전소하며, 비콘(Beacon) 프레임, 경쟁 구간(Contention Acess Period) 및 할당 구간(Contention Free Period) 등을 통하여 전송되는데 그 구조는 다음 그림과 같다.

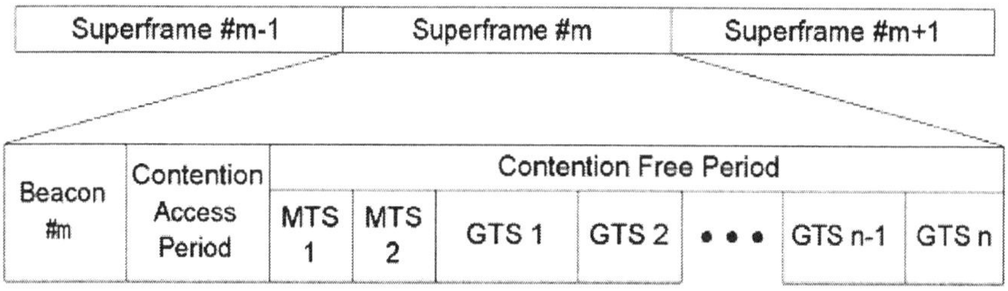

[그림 3-10] 802.15.3 의 슈퍼 프레임 구조

(3) 저속 무선 전송의 슈퍼 프레임 및 프레임

802.15.4에서의 저속 표준화 그룹에서는 슈퍼프레임 구간을 비콘(Beacon) 프레임, 경쟁 구간(Contention Acess Period) 및 할당 구간(Contention Free Period)로 정의함으로써, Beacon 프레임, 경쟁 구간에서의 ACK 및 명령(Command) 프레임, 데이터 프레임을 정의하고 있다.

특히 802.15.4를 활용한 센서 네트워크에서는 전력 절약 방법을 최대한으로 하는 방법들을 사용함에 따르는 S-MAC (Sensor MAC) 등의 사용에서 CSMA-CA를 기반으로 하는 경쟁 구간에서의 다양한 전력 절약 방법을 활용한다.

CSMA/CA에서 에너지 절약에서 다음과 같은 방법 등이 있다.

- 주기적인 읽기 또는 Sleep 모드 결정
- CA(Collision Avoidance)활용
- 메시지 전송에 의한 제어 패킷의 최소화

제 4 장

무선 보안

4.1 무선 보안의 개념

보안은 정보의 도난을 방어해주고 데이터가 손상됨을 보호하는 데이터 Integrity를 위해서 무선 네트워크에 꼭 필요한 분야라 할 수 있는데 그 필요성을 정리하면 다음과 같다.

- 무선 네트워크의 개인 정보 통신에서 상호 보안은 필수
- 전송 매체가 무선 환경으로 무방비
- 외부 네트워크에서 접근이 어려워야 함
- 전할 정보의 도청 및 훼손 보호

보안 이란 서로의 통신을 다른 제 3자가 정보를 훔쳐가는 것과, 정보를 파괴시키는 것에서 보호 해주는 것을 의미한다. 두 사람이 선을 보기 위해서 만난다며, 서로가 만나야 할 사람을 만나는 것인지를 서로 인증해야 한다.

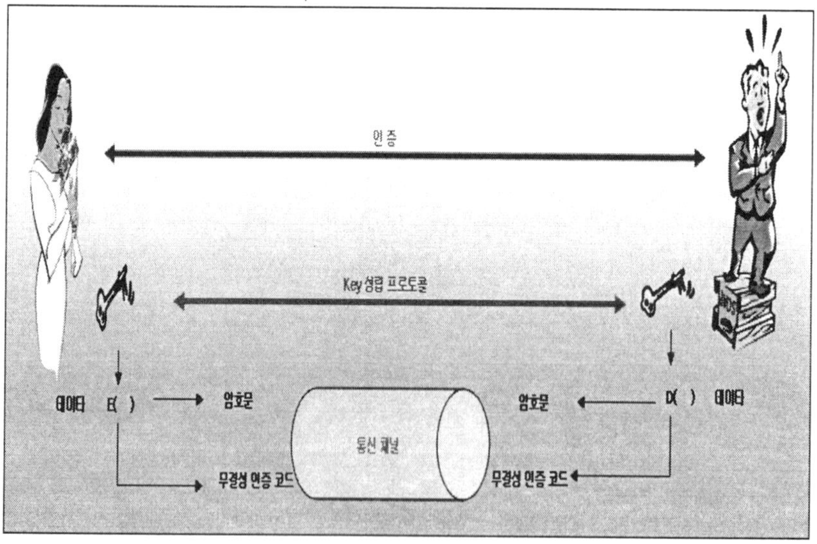

[그림 4-1] 보안 개념

또한 서로 대화를 한다고 할 때 서로의 원하는 요구 사항이 맞는지 그 Key (열쇠)를 가지고 있는지를 확인하여야 하며, 서로 거짓 없이 즉, 정보의 무 결성을 원리로 대화하여야 한다. 즉, 정보의 전송에서 서로를 인증하고, 같은 Key를 가지고 있고, 데이터 무결 성의 원리에 의하여 통신하여야 한다. [그림 4-1]은 보안의 개념이다.

무선 네트워크에서 보안을 위해서 암호화, 인증 및 Key 관리 분배 등의 방법을 사용한다. 다음은 무선 네트워크에서 일반적으로 사용하는 프로시저와 알고리즘을 말한다.

(1) 보안을 위한 Procedure

- 연상(Association) procedure : Device가 임의의 Network 접속할 때 접속 여부가 결정됨
- 인증(Authentication) procedure : 전송하고자 하는 디바이스 간 또는 PNC와 디바이스 간의 전송 권한 확인
- Key 성립 프로토콜 procedure : 처음 보안 Network이 성립될 때와 새로운 디바이스의 합류/ 해제에 따른 인증 및 Key 분배

(2) 보안을 위한 알고리즘

- 암호화(Encryption) 알고리즘 : 암호화 처리
- Key generator or selector : key 코드 발생 및 선택 규칙 함수

4.2 Key 발생기

보안 네트워크에서 Key는 서로의 약속이기 때문에 이것을 외부에서 알수 없게 만들어야 한다. 크게는 4 단계를 통하여 생성할 수 있는데 1 단계는 랜덤하게 "1" 또는 "0"으로 118비트를 생성한 후, 2 단계에서 7 비트씩 행을 취 한다. 그 후 Parity 비트로 8 비트로 하여 16 행을 맞춘 후, 4 단계에서 128 비트의 Key 비트열을 생성한다. 이 4 단계는 다음과 같다.

- 1 단계 : Random generation 함수로 비트 열 선택 : 118 비트 생성

1 0 1 1 0 0 1 1 1 0 1 1 0 0 1 0 1 1 0 1 1 0 1 0 1 1 0 1 0 1 1 0 … .

- 2 단계 : 7 비트씩 나열

```
1011001  ⎫
1101100  ⎪
1011011  ⎪
0101101  ⎬ 7 비트씩 16개 행을 만듦
… …      ⎪
… …      ⎪
… …      ⎪
0101000  ⎭
```

- 3 단계 : Parity bit 취해 8 비트 열을 만듦

```
1011001  1  ⎫
1101100  1  ⎪
1011011  1  ⎪
0101101  1  ⎬ 8 비트씩 16개 행
… …      0  ⎪
… …      1  ⎪
… …      0  ⎪
0101000  1  ⎭
```

- 4 단계 : 1 행부터 순서를 취해 128 bit Key를 만듦

4.3 암호화 알고리즘

데이터를 Key와 함께 재 배열 시킴으로써 원 데이터와 전혀 다르게 암호화 해야 한다. 대표적인 암호화 알고리즘이 AES(Advanced Encrytion Standard)이다 다음은 AES에 의해 데이터가 암호화하는 블록도이다.

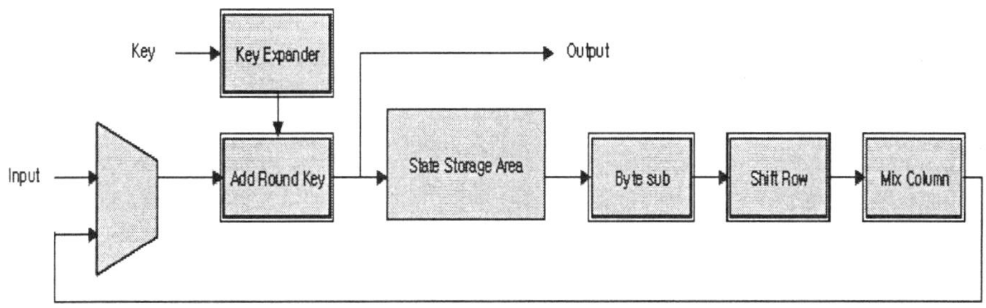

[그림 4-2] AES 블록도

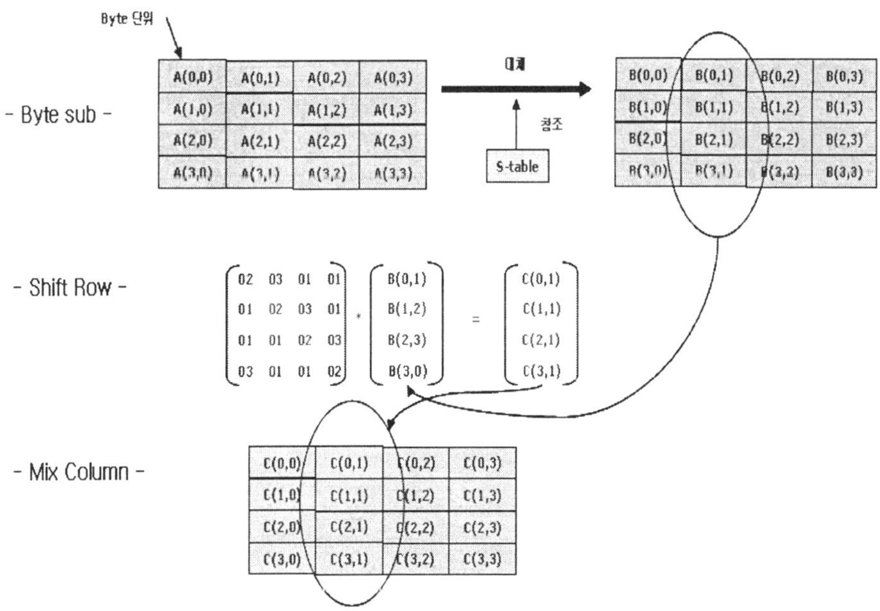

[그림 4-3] 처리 과정

[그림 4-2]에서 “Add Round Key” 블록에 의해서 Key와 함께 처리된 암호화 데이터 테이블이 출력된다. 이 것은 다시 S-table 을 참조하여 "Byte Sub" 블록에서 새로운 행렬이 나오고, "Shift Row"에 의해서 새롭게 재 배치된다. 또한 "Mix Column"블록에 의해서 행렬 식으로 해서 새로운 값이 Update 됨으로써 입력 순수 데이터에 Key와 함께 영향을 미친다. [그림 4-3]은 AES의 각 블록별 행렬 값 변환을 보여 준다.

여기서 B 랭렬에서 E 테이블과 L 테이블을 이용헤서 C 헬렬로 바꾸게 된다. 그 연괸 식은 다음과 같다.

C(0,1) = 2*B(0,1) XOR 3*B(1,2) XOR 1*B(2,3) XOR 1*B(3,0) (식 4-1)
= E(L(2)+L(B(0,1))) XOR E(L(2)+L(B(1,2)))
XOR E(L(1)+L(B(2,3))) XOR E(L(1)+L(B(3,0)))

이 암호화 알고리듬 및 Key 와 데이터 열들의 조합을 통하여 암호화 된 전송할 데이터 열이 나오게 되는데 암호화 데이터 열을 추출하는 CTR 모드와 데이터 무결성인 Integrity 코드 열을 추출하는 CBC 모드 2 가지가 있다. 다음 그림은 CTR모드와 CBC모드를 의미한다.

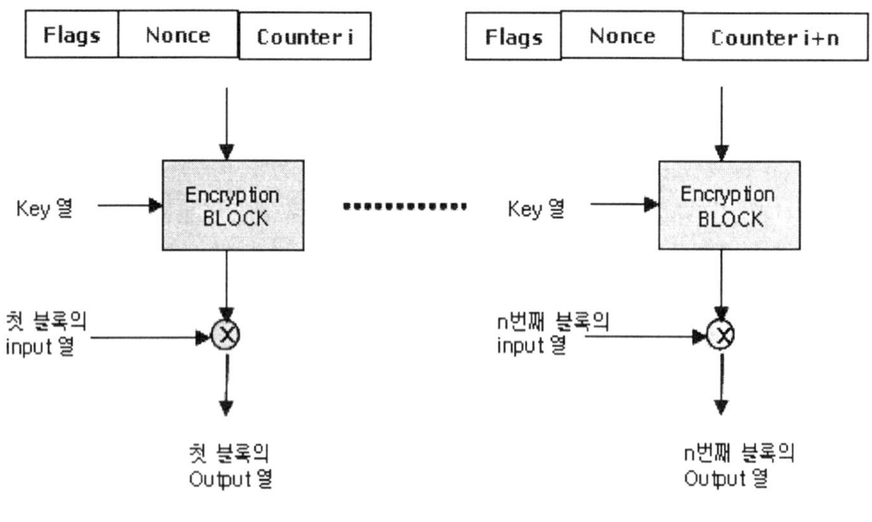

[그림 4-4] CTR 모드

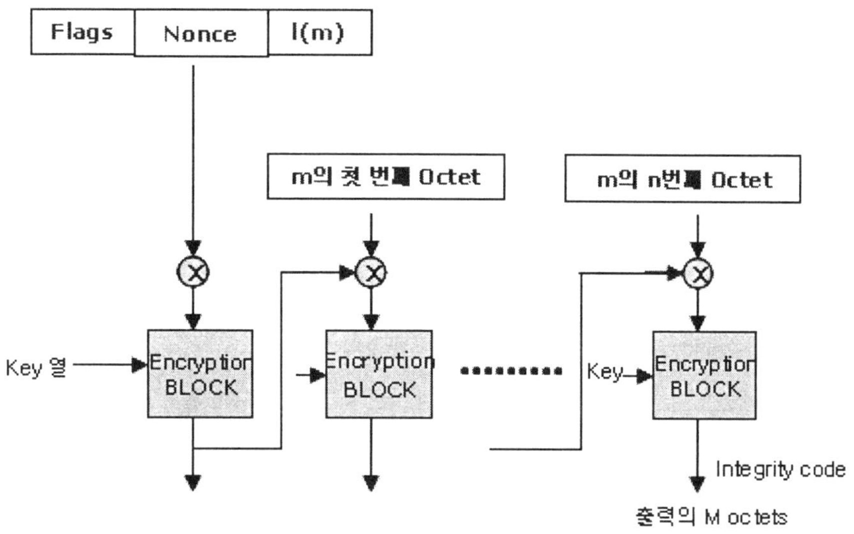

[그림 4-5] CBC 모드

위 그림에서 Nonce와 l(m)의 의미는 다음과 같다.

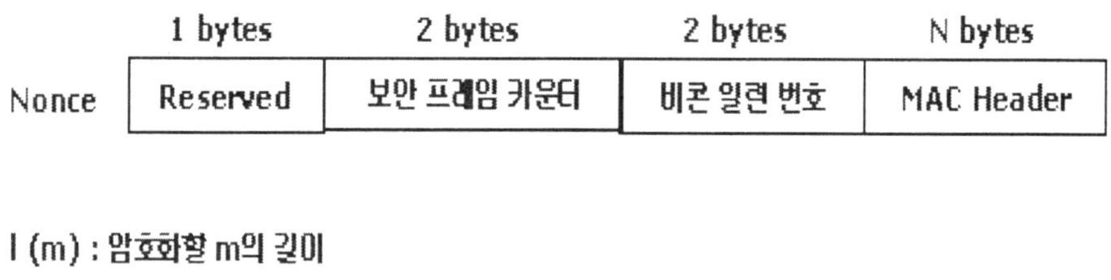

[그림 4-6] Nonce 헤더

4.4 인증 및 키 분배

보안 네트워크에서는 보안 메니저(Security Manager) 디바이스를 따로 설정한다. 보통의 경우에는 PNC 및 Master 역할을 하는 무선 디바이스가 보안 메니저 역할을 동시에 할 수 있다. 이를 통해서 새로운 디바이스가 이 네트워크에 접속할 경우 무선 네트워크에 접속해도 되는지 아니며, 수상한 디바이스 인지를 결정하는 인증 과정을 거친다.

또한, 이 네트워크만의 Key가 있어서 Key를 서로 공유함으로써 니 네트워크에서 전송하고자 하는 데이터들을 보호하고, 외부로 부터의 도총을 막는다. 무선 네트워크에서 활용하고 있는 대표적인 인증 및 보안 관련 프로토콜 들은 다음과 같다.

- 인증 및 Challenge 프로토콜 : 보안 Manager는 피코 넷에 접속하는 Slave를 각각 인증하고 공동 Key를 분배해줌
- Key 분배 프로토콜 : 주기적으로 보안 Manager가 피코 넷의 각 Slave에게 Update된 암호화할 Key를 배분해줌
- Key 요청 프로토콜 : 임의의 Slave가 update된 키를 받지 못했을 때 보안 메니저에게 현재의 암호화할 key를 요청
- 명령 Data의 암호화 프로토콜 : 각 key 분배 및 요청 명령 블록 또는 Data를 공유된 Key를 사용 integrity에 의해 무결성 및 데이터를 암호화하여 정보를 보호한다.

여기서 용도 및 디바이스 들의 데이터 전송 연결 형태에 따라 Key를 분류할 수 있는데, 다음과 같은 종류 들이 있다.

- 메니지먼트 Key : 인증 및 Challenge 프로토콜에 의해 결정된 Key 분배 및 키 요청 프로토콜에서 사용되는 명령 블록의 key를 암호화하는데 사용
- 단일 네트워크의 그룹 데이터 Key : 한 네트워크에서 사용되며, 데이터를 암호화
- 일대일 데이터 Key : 임의의 두 디바이스 간의 통신에서 데이터를 암호화

보안 무선 네트워크에서 인증 및 Key 분배하는 프로토콜로써 보안 메니저와 임의의 디바이스들의 절차는 다음과 같다.

- 인증 및 Challenge 프로토콜

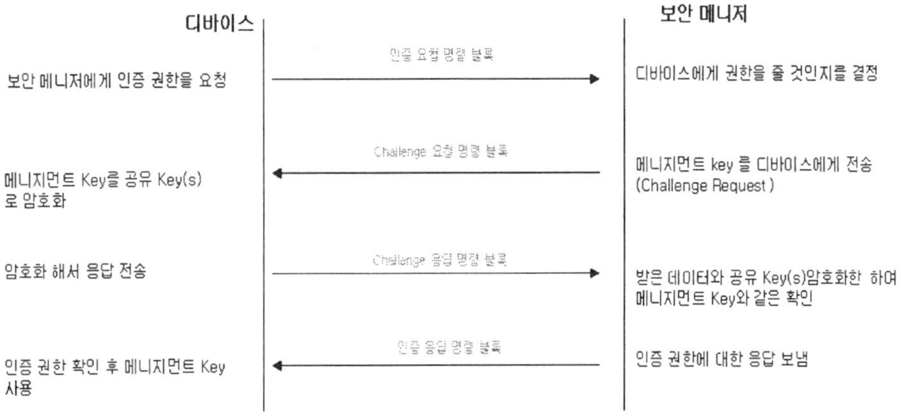

[그림 4-7] 인증 및 Challenge 프로토콜

- Key 분배 프로토콜

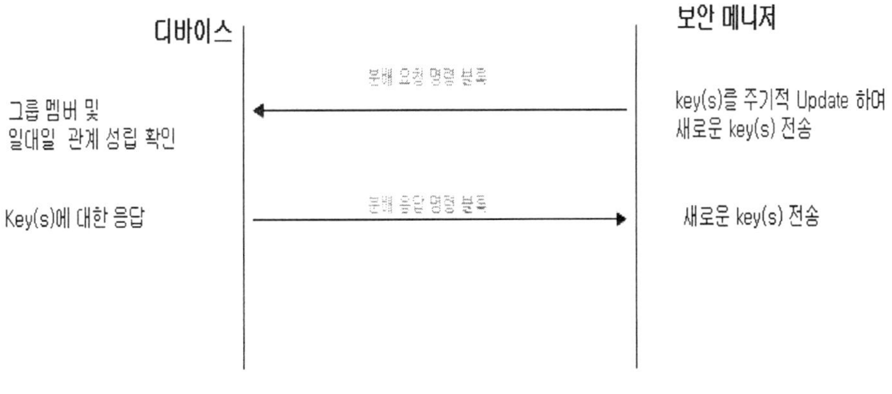

[그림 4-8] Key 분배 프로토콜

• Key 요청 프로토콜

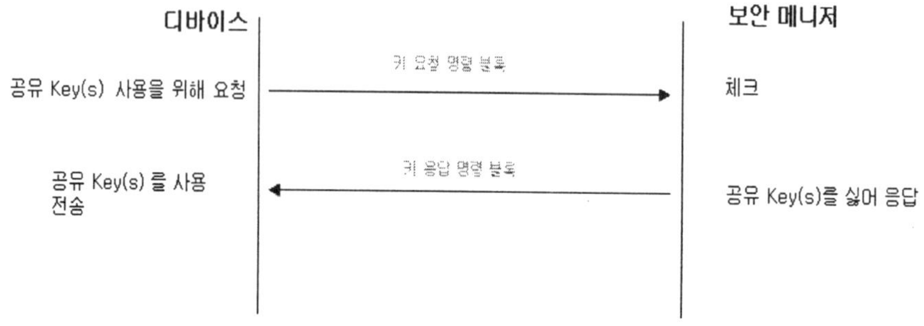

[그림 4-9] Key 요청 프로토콜

다음은 무선 보안 네트워크를 설정하는 단계이다.

• 1단계 : PNC 및 보안 메니저 결정
• 2단계 : 각 디바이스 들이 PNC에 합류하여 네트워킹 형성
• 3단계 : 각 디바이스 들이 PNC의 네트워크 관리하에 사용 데이터 전송
• 4단계 : 보안 메니저와 인증 절차를 통해 약속된 키에 의해 보안 네트워크 형성
• 5단계 : 임의의 2 디바이스 및 몇 개의 디바이스 간의 그룹 네트워크 또는 일 대 일 보안 네트워크 형성

단지 무선 네트워크만을 형성 시에는 1,2,3 단계 만을 사용하여 네트워크 형성을 하지만, 보안 네트워크에서는 1단계 부터 5단계 까지 모두를 활룔하여 무선 보안 네트워크를 형성할 수 있다. 다음 그림은 단지 무선 네트워크만을 형성하는 경우와 무선 보안 네트워크만을 형성하는 경우를 보여 주고 있다.

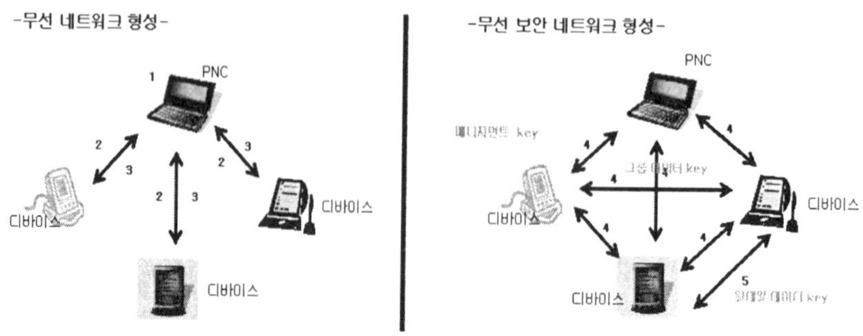

[그림 4-10] 무선 보안 네트워크

제 5 장
무선 통신 방식

5.1 Wireless LAN

■ WLAN(Wireless Local Area Networks) 분야의 표준은 2.4GHz 대역에서 최대 11Mbps의 속도를 제공하는 IEEE 802.11b 가 현재 상용화 제품을 대거 출시하며 시장을 주도

■ 5GHz 대역에서 최대 54Mbps 의 속도를 제공하는 IEEE 802.11a 와 HIPERLAN/2가 제품 상용화를 목표로 시장진입을 추진 중에 있다.

■ WLAN과 관련된 표준안은 크게 IEEE 802.11 규격, 유럽 ETSI 의 BRAN 위원회(ETSI's Committee on Broadband Radio Access Networks)의 하이퍼랜(HIPERLAN:High Performance Radio LAN)규격, 일본 MMAC－PC(Multimedia Mobile Access Communication Systems－Promotion Council)규격으로 분류

■ 이중 IEEE 의 표준안에는 인가 없이 사용할 수 있는ISM(Industrial, Scientific and Medical)밴드의 2.4GHz를 사용하여 2Mbps 까지 전송할 수 있는 802.11, 기존 802.11 변복조 기술을 일부 변경하여 전송속도를 11Mbps 까지 고속화 한 802.11b, 5GHz 대역에서 6～54Mbps 의 전송속도를 제공하는 OFDM(Orthogonal Frequency Division Multiplexing)방식의 IEEE 802.11a 규격이 있다.

■ IEEE 802.11에서는 CSMA/CA(Carrier Sense Multiple Access/Collision Avoidance)의 매체접근제어 방식을 사용하고, 물리계층으로서는 확산 스펙트럼 방식과 적외선 방식을 사용한다. 고속의 데이터 전송을 위하여 IEEE 802.11 TG(Task Group)에서는 인가 없이 사용할 수 있는 5GHz 대역에서 6～54Mbps 의 전송속도가 가능한 OFDM 방식의 고속 WLAN 의 표준안인 IEEE 802.11a 을 제안

■ 2.4GHz 대역에서 기존 IEEE 802.11 규격의 WLAN 변복조 기술을 일부 변경하여 전송속도를 11Mbps까지 고속화한 IEEE802.11b 표준안이 확정됐으며,

현재 출시되고 있는 대부분의 WLAN 제품군은 이 규격을 따르고 있다. 한편, IEEE 802.11 TG에서는 802.11b 표준안을 22Mbps 까지 확장시키기 위한 표준안을 진행 중이며 몇몇 업체들은 이를 지원할 제품 출시를 계획하고 있는 것으로 알려져 있다.

■ 최근 등장하고 있는 802.11b 는 DSSS(Direct Sequence Spread Spectrum)방식에 따라 11Mbps 의 속도를 제공하며 WLAN의 유력한 표준으로 등장하고 있다. .

■ 기존 IEEE 802.11 규격에 따르는 WLAN 제품은 2.4GHz 대에서 최대 11Mbps의 전송속도를 내는 것이 대부분이어서 최근 증가하고 있는 인터넷과 멀티미디어 서비스 요구를 수용하는 데는 한계가 있다.

■ 광대역 무선 액세스 네트워크의 망 구성을 위해 유럽의 표준화기구(ETSI)는 지난 2000년 월에 5GHz 대에서 6～54Mbps의 전송속도를 갖는 OFDM (Orthogonal Frequency Division Multiplexing)방식의 고속 WLAN의 표준안으로 하이퍼랜/2를 최종 확정했다. 매체접근제어 방식으로는 중앙집중방식의 동적 예약식 TDMA/TDD를 사용하여 ATM 및 IP 네트워크에서 요구하는 다양한 QoS(Quality of Service)를 보장할 수 있도록 했다.

5.2 802.15.3의 WPAN

50m 이내의 거리에서 Ad-Hoc 네트워크를 기반으로 무선 통신하는 방식으로 사람 등 임의의 객체가 움직임이 있음을 고려한 통신방식이다. 그 특징 등은 다음과 같다.

■ WPAN(Wireless Personal Area Networks)은 비교적 짧은 거리 내에서 비교적 적은 사용자간에 정보를 전달하며, 주변 장치 간 케이블 없이 직접 통신할 수 있도록 한다.

■ 고속률 WPAN은 2.4GHz에서 동작하고 최대 55Mbps까지 지원하여 멀티미디어 트래픽 전송도 가능

■ WPAN의 표준화 작업을 담당하는 IEEE 802.15이며, 고속 데이터 전송을 지원하는 IEEE 802.15.3 은 WPAN의 PHY과 MAC 계층이 표준화 작업을 하고 있으며, IEEE 802.15.1은 브루투스, IEEE802.15.4는 저속 및 낮은 Cost 의 PAN 표준 규격을 정의하고있다.

(1) IEEE 802.15 표준화 동향

IEEE 802.15 WPAN은PAN 또는 근거리 무선 네트워크 규격 제정을 위한 그룹으로서 4개의 Task Group(TG)으로 나뉘어 있다.

TG1인 IEEE Project 802.15.1은 블루투스를 기반으로 WPAN 규격을 제안하는 그룹으로서, 2002년 6월에 IEEE Std 802.15.1-2002 Release를 발표하였다. WPAN 기술의 하나로 블루투스는 저비용, 저전력, 간단한 조작으로 데이터 전송이 가능하나 최대 1Mbps의 비교적 낮은 전송속도를 지원한다.

TG2는 WPAN과 WLAN을 동시에 사용하기 위한 방식을 제안하기 위한 그룹이다. WPAN과 WLAN이 동일한 대역에서 상호 간섭을 최소화하면서 동작할 수 있는 방식을 제안하고 있다.

TG3인 IEEE Project 802.15.3 은 고속률(20Mbps 이상) WPAN의 규격을 제정하고 배포하기 위한 작업 그룹이다. TG3에서 제안하는 WPAN의 서비스 영역은 반경 10m정도이며, 대략 20Mbps이상의 고속률 데이터 전송을 지원한다. TG3는 2000년 11월에 열린 IEEE 802 회의에서 최종 MAC과 PHY 기고를 선택했다. 2002년 9월 현재 Draft Standard만 발표되었고, 이 규격에서 정의된 MAC과 PHY의 주요 특징은 다음과 같다.

• 데이터율 : 11, 22, 33, 44 & 55Mbps

- Quality of Service isochronous protocol
- Ad hoc peer-to-peer networking
- Security
- 저전력 소모
- 저비용
- 휴대용 멀티미디어 애플리케이션의 요구사항에 적합하도록 설계됨

TG4인 IEEE Project 802.15.4는 수 개월, 또는 수 년간 배터리를 사용할 수 있고, 복잡도가 낮은 저속률 WPAN의 규격을 제정하고 배포하기 위한 작업 그룹이다. 이를 적용할 수 있는 애플리케이션에는 센서, 리모트 컨트롤, 홈 오토메이션 등이 있다. 2002년 9월 현재 Draft Standard만 발표되었고, 이 규격에서 정의하는 IEEE 802.15.4 WPAN의 특징은 다음과 같다.

- 데이터율: 250kbps, 40kbps, 20kbps
- short addressing의 경우 최대 254 개 또는 IEEE address의 경우 254개 이상
- 조이스틱과 같이 지연에 민감한 디바이스도 지원
- CSMA-CA channel access
- Coordinator에 의한 자동 네트워크 구성
- 동적 디바이스 주소 할당
- 전송 신뢰도를 위한 Fully handshaked protocol
- 저전력 소모를 위한 전력관리
- 2.4GHz ISM 밴드에서 16 채널, 915MHz 밴드에서 10 채널, 868MHz 밴드에서 1 채널

(2) 고속률 WPAN의 IEEE 802.15.3 WPAN의 규격

WPAN은 여러 개의 데이터 디바이스(DEV)들이 서로 통신할 수 있도록 하는 ad hoc 데이터 통신 시스템이다. WPAN은 10m 반경 내에서 정지하거나 움직이고 있는 사람이나 물체와 통신할 수 있다는 점에서 다른 데이터 네트워크와 구분된다.

WPAN의 기본 요소는 디바이스이다. 두 개 이상의 디바이스 또는 스테이션

이 POS(Personal Operating Space) 내에서 동일한 물리채널로 통신하면 WPAN이 구축된다. 이 때, 한 디바이스는 WPAN의 coordinator 역할을 수행해야 한다. coordinator는 WPAN의 기본 타이밍을 제공하고 QoS 요구사항을 제어한다.

1) POS

일반적으로 반경 10m 이내에 있는 영역을 가리키며, 정지하거나 이동중인 개인의 커버리지 영역을 나타낸다. 그러나 무선 물리계층에서 전파 특성은 시간에 따라 변하고 예측 불가능하므로 커버리지 영역을 정확히 정의하기가 어렵다. 위치나 방향이 조금만 변하더라도 신호세기나 품질면에 있어 큰 차이가 생길 수 있다.

2) Ad hoc 네트워크

IEEE 802.15.3 WPAN은 미리 설계되는 것이 아니고, WPAN이 필요할 때 형성되므로 이런 종류의 동작을ad hoc 네트워크라 한다. Ad hoc 네트워킹은 언제, 어디서나 중앙 인프라의 도움 없이도 디바이스간 통신을 할 수 있는 방식이다.

3) 다른 네트워크와 통합

IEEE 802.15.3 WPAN과 기존의 유·무선 LAN을 통합하기 위해 논리적 요소인 포털이 도입된다. 포털은 WPAN 외부의 MSDU가 IEEE 802.15.3 piconet11) piconet: Coordinator 디바이스를 중심으로 동일한 채널을 공유하는 단위.)으로 진입하는 논리적인 지점이다. 즉, WPAN 외부의 모든 데이터는 포털을 통해서 IEEE 802.15.3으로 들어온다. 포털은 IEEE 802.15.3 구조와 유·무선 네트워크간 논리적 통합을 제공한다. 한 디바이스가 coordinator와 포털의 두 가지 기능을 동시에 제공할 수도 있다.

(3) 계층 구조

WPAN의 계층 구조는 그림과 같다. MAC과 PHY 계층은 개념적으로 관리 엔티티를 포함하고 있다. 이는 각각 MAC Layer Management Entity(MLME)와

PHY Layer Management Entity(PLME)라고 하며 계층관리 기능을 수행한다. PIB(PAN Information Base)는 관리정보를 나타낸다.

각 디바이스마다 스테이션 관리 엔티티(Station Management Entity : SME)를 포함하고 있어야 하며, SME는 각 계층과 독립적인 별개의 관리 엔티티로서 여러 계층관리 엔티티로부터 계층과 밀접한 상태정보를 수집하거나 각 계층과 관련 있는 파라미터 값을 설정한다.

1) PHY 계층

IEEE 802.15.3 WPAN의 PHY이 지원하는 변조, 코딩 및 데이터율은 <표 1>과 같다. 2.4GHz PHY은 코딩이 적용되지 않은 DQPSK뿐만 아니라, Trellis 코딩을 적용한 QPSK, 16/32/64-QAM을 지원한다. 802.15.3과 호환되는 디바이스는 최소한 DQPSK는 지원해야 한다. 기본 데이터율은 DQPSK 모드로 동작하는 22Mbps이며, 최대 55Mbps이다. QPSK-TCM 모드는 coordinator 주변에 있는 디바이스들의 연결을 유지할 수 있도록 CFP구간에서 할당된 타임슬롯(GTS, (그림 3) 참조) 구간에서 동작한다.

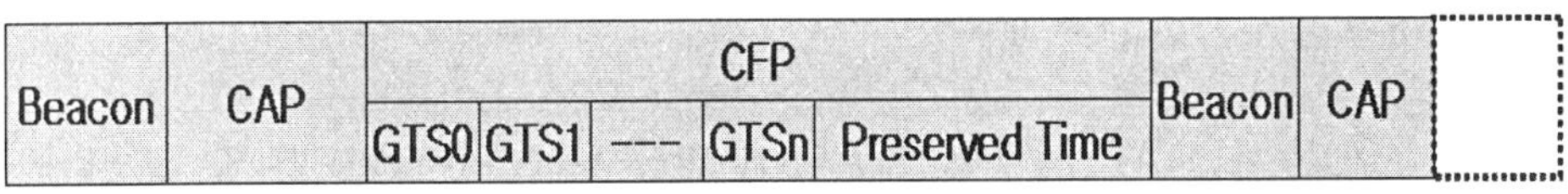

[그림 5-1] 802.15.3의 Pico Network의 Superframe

이러한 PHY 계층이 동작하는 주파수 영역은 2.4~2.4835GHz이며, 총 5개의 채널이 다음 표와 같이 할당 된다.

Channel	Center Frequency
1	2.408 GHz
2	2.428 GHz
3	2.437 GHz
4	2.448 GHz
5	2.468 GHz

2) MAC 계층

WPAN은 coordinator 역할을 하는 디바이스가 superframe을 전송하면서 형성된다. Superframe은 (그림 3)과 같이 크게 비컨(beacon), CAP(Contention Access Period), CFP(Contention Free Period) 세 부분으로 이루어져 있다.

Coordinator의 주요 기능 중 하나는 WPAN에 관련된 정보와 타이밍을 실은 비컨을 전송하는 것이다. CAP은 CSMA/CA 방식을 사용하고, 비교적 적은 양의 데이터를 비연속적으로 전송한다. CFP는 반드시 coordinator를 거쳐 일정한 시간을 할당받는 TDMA 방식을 사용한다. 따라서 CFP 구간에서 데이터 스트림이 발생하면 coordinator가 디바이스들의 요구사항을 기반으로 대역폭을 할당한다.

WPAN에 접속하고자 하는 디바이스는 coordinator와 인증절차를 거쳐 다른 디바이스와 통신을 할 수 있다. 이러한 인증과 보안을 위해 세가지 인증 모델이 있다.

- Open(no authentication)
- Authentication
- Authentication and Privacy

그리고 PHY과 MAC 일부의 동작을 중지시킴으로써 디바이스의 전력소모를 감소시킬 수 있다. 즉, 데이터 전송이 많은 디바이스는 CFP 구간에서 전력소모를 줄일 수 있고, 데이터 전송이 거의 없는 디바이스는 한 superframe 이상 동안 전원을 차단함으로써 더 큰 전력절감을 가져올 수 있다.

5.3 Bluetooth

■ IEEE 802.15.1 그룹에서 표준화 하였고, 현재 많은 제품으로 상용화 되고 있어 이동전화, 컴퓨터, PDA 등이 근거리 무선접속을 사용하고 있는 가정이나

회사의 전화나 컴퓨터들과 연결될 수 있는 기술로서 컴퓨터 및 통신 산업계의 규격이다. 실제 블루투스의 이름은 덴마크 전설에 나오는 왕의 이름이다.

■ Bluetooth는 1998년 5월 21일 스웨덴의 에릭슨이 주축이 되어 노키아, IBM, 도시바, 인텔이 결성한 Bluetooth SIG(Special Interest Group)에 의해 본격화가 되었으나 그 기본은 1994년 에릭슨의 이동통신 그룹내의 휴대폰과 주변기기의 무선 인터페이스 연구에 기초를 하고 있다. 현재 Bluetooth SIG는 전세계 1,600개사 이상이 참여를 하고 있으며, 작년 12월 마이크로소프트, 3Com, 루슨트테크 놀러지, 모토롤라등의 참여로 전세계적 규격으로 자리 매김을 하고 있다. 특히 Bluetooth는 Open 규격을 지향하며, 이에 따른 라이센스를 지불할 필요가 없기 때문에 전세계 업계의 많은 관심을 이끌고 있다. 본고에서는 Bluetooth의 기술 내용 및 국내외 동향에 대하여 알아 보기로 한다.

■ 원래 Bluetooth는 10세기 스칸디나비아 반도의 덴마크 및 노르웨이를 통일한 바이킹 헤랄드 블루투스(Harald Bluetooth : 910~985)의 이름에서 유래가 되었다. 헤랄드 블루투스가 스칸디나비아 반도를 통일한것 처럼 다른 통신 장치 기기들간의 연결을 통일하자는 의미로 Project명으로 사용하던 것이 지금은 Brand 이름으로 까지 확정이 된 상태이다. 사실 Bluetooth 로고도 있었으나 바이킹을 상징한다는 의견이 대두가 되어 지금은 Bluetooth라는 이름만 사용하고 있다.

■ Bluetooth 규격(이것은 표준이 아님, 표준에 대해서는 후에 다시 기술)은 현재 버전 1.0b가 SIG에 의해 공개된 상태이며, SIG 홈페이지 www.bluetooth.com에서 누구나 다운로드할 수 있다. 규격은 크게 2개로 나누어지는데 물리적 부분과 그에 필요한 Firmware를 기술한 Core 사양과 상호 기기간의 호환성을 위해 마련한 Profile로 나뉘어 있다.

■ 1.0b의 규격에 따른 Bluetooth의 사양은 다음과 같다.

- 2.4GHz 대역의 ISM(Industrial Scientific Medical) 대역
  (2.402GHz~2.480GHz), 1Mbps의 전송 속도
  (실제 723kbps : 721kbps로 잘못 표기된 곳이 많음)
- 간섭방지를 위한 주파수 호핑 방식 (79/23 hop, 1600 hop/sec)

- 저소비전력 (대기상태 0.3mA, 송수신시 최대 30mA)
- 전송거리 10m 및 Option으로 100m까지 가능
- Class 1,2,3의 송신 파워 (각 100mW, 2.5mW, 1mW)
- 변조방식 : GFSK (Guassian Frequency Shift Keying)
- 3채널의 Voice 지원 (A-Law, u-Law PCM, CVSD)
- Point to Point, Point to Multi 방식의 연결 가능

■ Profile은 Bluetooth를 최상위 Application에서 어떻게 사용할 지를 정의한 규격이다. 현재 10종류가 있으며, 점차 확대가 될 것이다. 대표적인 Profile로는 Headset을 들 수 있다. Headset은 휴대폰이나 PC등을 이용하여 음성 통화를 할 수 있는 마이크가 내장된 헤드폰을 생각하면 된다. Bluetooth 마크가 부착이 된 헤드셋을 구입했다면 전세계 어디서나 호환이 된다. 다음은 중요한 Profile과 접속되는 기기를 나타내었다. 현재의 Profile은 SIG내의 Marketing Group에서 Bluetooth를 시장에 도입시 가장 시장 매력도가 높은 모델들을 구체화 한 것이다.

Profile	접속기기
Headset	해드셋
Intercom	핸드셋
Dial-up Networking	모뎀
FAX	FAX
LAN	라우터,게이트웨이
File Transfer	PC 등
Synchronization	PC 등

■ 현재 Bluetooth 내의 12개 작업 분과(Working Group)내에서는 Bluetooth의 차세대 버전 및 새로운 Profile을 준비중이다. 주목할 만한 분과는 Radio2, BlueRF, A/V, Automotive등이 있다. Radio2 분과에서는 차세대 고속 버젼에 대한 준비를 하고 있다. 현 1Mbps의 속도로는 진정한 멀티미디어 서비스가 힘들다는 생각으로 2Mbps의 속도(Option으로 10Mbps 가능 검토)를 목표로 준비중이다.

- BlueRF 분과에서는 Baseband와 RF 간의 물리적 Interface 및 Protocol에 관한 규격을 제정중이다.현재 단방향 12선 및 양방향 8선 방식으로 가닥을 잡고 있으며 금년 내로 공개될 예정이다. 이것은 사실 중요한 부분으로 BlueRF를 지원하는 Chipset이 나오면 사용자는 선택의 폭이 넓어지며, 특

히 MSM3300과 같이 Baseband 부분이 점차 Host 측으로 내장되는 추세에서는 반드시 필요한 부분이 될 것으로 예상된다.

- A/V분과는 mp3 및 mpeg4등의 audio/video data를 전송하기 위한 분과이다. 작년 12월 LA 회의에서 Philips에서는 Bluetooth를 이용하여 mp3 오디오를 스피커로 전송하는 Demo를 선보였다. 이것의 궁극적 목표는 무선스피커가 될 것이며 2/4분기에 규격 1.0이 발표될 예정이다.
- Automotive분과는 Bluetooth의 자동차 적용이라는 중책을 맡고 있다. 이미 자동차 멀티미디어 표준화 단체인 AMIC에서는 Bluetooth를 무선 네트워크의 Core로 적용하는 방안을 검토중이다. 그러나 자동차라는 특수 조건(EMI/EMC문제, 온도조건등)을 극복 해야하는 등의 과제를 안고 있다.
- Bluetooth는 IEEE산하의 802 Local and Metropolitan Area Network 위원회에 의한 표준화가 진행중이다. IEEE802.15 분과인 WPAN(Wireless Personal Area Network) WG(Working Group)에서는 최근 Bluetooth Spec v1.0을 접수 받아 2000년 3/4분기에 표준으로 상정할 것이 확실시 되고 있다. 이러한 표준화를 거친다면 Bluetooth의 보급은 더욱더 가속화 될 것이다.

5.4 ZigBee

■ 미래에 더 발전된 사회를 이루기위해서 언제 어디서나 통신 속도 등의 여러 가지 제약으로부터 벗어나 이용자가 자유롭게 정보통신 서비스를 이용할 수 있는 유비쿼터스 컴퓨팅(ubiquitous computing)을 향한 발걸음이 이루어지고 있다.

■ ZigBee는 868 MHz, 902-928 MHz 및 2.4 GHz에서 동작하는 무선 PAN 통신 네트워크 규격이다. ZigBee를 사용하면 무선 개인영역 통신망 내에서 통상 50m 이내의 거리에 떨어져 있는 주변장치들 간에 최고 250 Kbps의 속도로 데이터를 주고받을 수 있는데, ZigBee는 IEEE-SA에 의해 승인된 IEEE 802.

15.4 표준 그룹의 규격에 기반을 두고 있다.

ZigBee는 충격계수가 낮은 환경에서 높은 데이터 처리 효율을 제공한다. 따라서 ZigBee는 가정과 기업 그리고 제어기기와 센서가 주로 사용되는 산업자동화 등의 분야에 이상적이다. 이러한 주변장치들은 낮은 전력에서도 동작하며, 이러한 특성은 통상 0.1% 이하로 매우 낮은 충격계수와 더불어 배터리를 보다 오랫동안 쓸 수 있게 해준다는 것을 의미한다.

■ ZigBee에 잘 맞는 활용 예로는 HVAC, 조명 시스템, 침입탐지, 화재 감지, 그리고 비정상 사태의 감지 및 통보 등의 센서 네트워크 분야가 있다. ZigBee는 피어투피어, 성형, 망형 등 대부분의 네트워크 형상과 호환성이 있으며, 단일 무선 개인영영 통신망에서 최대 255개의 주변장치를 다룰 수 있다.

■ 지그비(ZigBee)의 Stack은 IEEE 802.15.4의 Physical Layer와 MAC Layer을 기반으로 상위 stack까지의 규격을 의미한다. 즉, Sensors, interactive toys, smart badges, remote controls, 그리고 home automation 분야에서의 활용을 위해 매우 긴 Battery 수명과 매우 간단한 network 구조를 갖는 저속의 solution을 찾기 위해 IEEE 802.15.4 표준이 제정됨에 따라 ZigBee 표준에서는 Physical Layer와 MAC Layer를 정의한 ZigBee- IEEE 802.15.4를 기초로 하는 하드웨어와 소프트웨어의 표준을 의미한다.

■ 결국 ZigBee는 기존의 무선 통신 시스템의 PHY에 비해 낮은 Data Rate를 사용하여 간단한 구조로 되어있다. 이는 근거리의 산정된 용도를 지녔지만, 낮은 원가를 실현 할 수 있게 되었다. IEEE 802.15.4에서 정의하고 있는 PHY Layer는 865/915MHz와 2.4GHz의 두개의 주파수 범위에서 동작한다. 여기서 865MHz는 유럽에서 사용되며 915MHz는 미국과 호주등의 나라에서 사용되고 2.4GHz는 전 세계에서 사용된다.

■ ZigBee Stack 구조 및 기능을 보면, ZigBee Stack구조는 여러개의 Layer로 구성되는데 각 레이어는 상위 Layer에 특정 서비스들을 제공한다. 각각의 Layer에는 데이터 전송서비스를 제공하는 Data Entity와 다른 모든 서비스들을 제공하는 Management Entity로 구성된다. 각 서비스 Entity는 상위 Layer에게 Service Access Point를 통해서 인터페이스를 제공한다. 다음은 ZigBee 및 802.15.4의 표준 Stack을 의미한다.

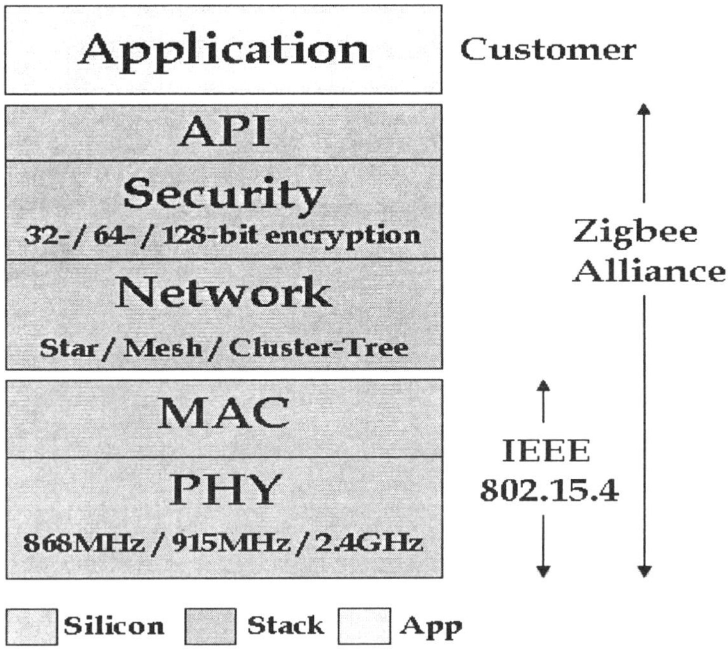

[그림 5-2] Zigbee 및 802.15.4의 표준 Stack

■ IEEE 802.15.4 는 RF channel and signaling protocol의 스펙을 포함한 radio hardware의 사용법 등을 정의하고 있으며, Zigbee에서는 디바이스 간의 통신 프로토콜을 정의함으로써, application-level을 제외하고 802.15.4에서 정의된 부분의 상위를 정의하고 있다.

■ ZigBee에서 주로 활용되는 메쉬 네트워크(Mesh Network)는 지그비가 구현하는 네트워크 세상을 위한 또 하나의 필수 기술로서 높은 보안성과 쉬운 사용성을 기반을 목표로 한 지그비는 매쉬 네트워크를 사용함으로써 다른 지역으로 연결하는 많은 지점들과 연결된다. 매쉬 네트워크상에서 특정 기기가 전송을 중단할 경우, 통신할 수 있는 다른 경로를 제공하는 강력한 다양한 채널을 구성한다.

■ ZigBee의 대표적인 Star 방식과 Multi-hop Peer-to-peer 토폴로지 2 가지 방식이 대표적인데, 모든 MAC 기능이 구현된 FFD(Full Function Dcvicc)와 MAC의 일부만 구현된 RFD(Reduced Function Device)가 있어서, Star 방식에서는 RFD가 Coordinator역할을 하지 않는 이상 FFD와 RFD 모두 네트워크를

구성할 수 있는 반면, 멀티 홉 방식에서는 FFD 만을 활용할 수 있다. 다음 그림은 Star 방식과 멀티홉 방식을 의미한다.

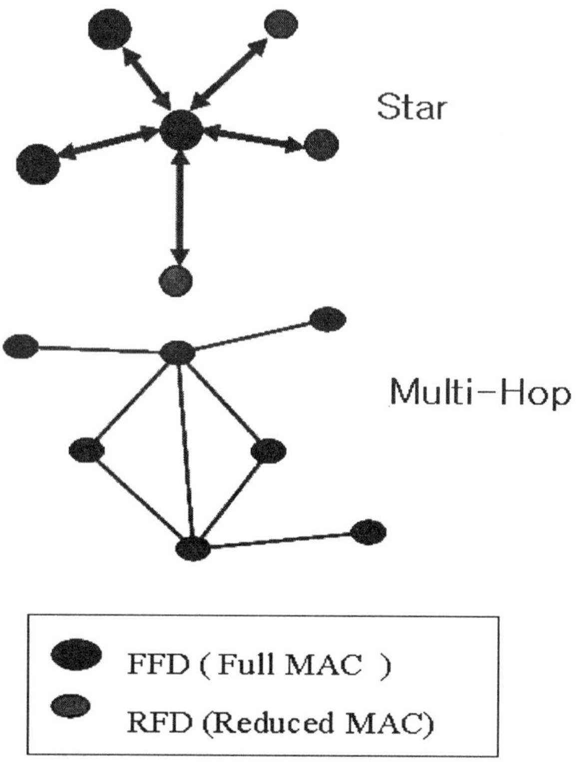

[그림5-3] Zigbee의 Star 방식과 멀티홉 방식

■ 지그비(ZigBee)는 많은 분야에서 유비쿼터스 환경을 제공하는데 필요한 기술을 연구 및 개발 중에 있으며 지그비 얼라이언스(ZigBee Alliance)에서는 네트워크 프로토콜, 어플리케이션 프레임워크 및 어플리케이션 프로파일에 대해 표준화를 진행하여 2004년 12월에 버전1.0을 완료하였다. 또한 인증 프로그램을 개발하여 시험 스펙을 작성하고 2005년 4월부터 시험서비스를 시작하였다. TTA(Telecomunication Technology Association.한국 정보통신기술협회)에서는 900MHz 대역의 지그비 물리계층에 대한 표준규격을 작성하여 정보통신단체표준으로 제출하였고 국내 표준을 기반으로 국내 공인 시험소 운영을 준비 중에 있다. 장기적으로는 TTA는 지그비 국제공인시험소 지정을 목표로 하고 있다.

5.5 RFID

■ RFID(Radio Frequency Identification)는 주파수를 이용하여 대상 물체를 인식하는 것을 말한다. 일반적인 RFID 시스템에서는 송신기, 즉 RFID태그가 대상 물체에 부착된다. 수동형 및 반수동형 태그를 판독장치 또는 신호 발신기로부터 전파를 수신하면 자신을 인식시키기 위하여 고유의 무선 신호를 반성한다. 각각의 RFID 태그에는 일련번호와 모델번호, 색상, 조립장소 등의 정보가 수록되어 있어서, 태그가 판독기에서 발신되는 전자기장(RF field)을 지날 때 이 정보를 무선으로 반송하여 태그가 부착된 상품의 식별코드 및 부가정보를 판독기에 알려주게 되는 것이다. RFID의 구성요소는 다음과 같다.

- RF Tag : 데이터가 저장되는 RFID태그
- RF 판독기(Reader) : 고정 또는 이동식
- 하드웨어와 각종 프로그램으로 구성된 컴퓨터

■ RFID 기술은 무선 태그에 데이터를 기록하고 그것을 판독하는 데 무선전파(Radio Waves)를 이용한다. 판독기는 전파를 내보내고 태그로부터 반송되는 정보를 수신하는 장치이다. 이 기술은 AM, FM 라디오와 유사하지만 그 부품들이 극소형화 되어 작은 컴퓨터 칩에 내장된다는 점이 다르다. 판독기가 발신하는 무선 신호를 받은 태그는 그 무선신호의 에너지를 이용하여 자신이 부착되어 있는 상품의 고유 ID를 반송한다.

■ EPC(Electronic Product Code)는 Auto-ID 센터가 개발한 코딩 방식으로 차세대 바코드라 불리고 있으며, 단순히 '바코드'를 훨씬 넘어서 일반상품, 케이스, 팔레트, 물류 자신 등 모든 개별 상품을 고유하게 식별할 수 있다. 기존의 코딩 시스템처럼 종이 라벨에 인쇄하는 대신 코드가 무선 식별이 가능한 전자태그에 의해 기록되는데, RFID 태그에는 상품식별코드인 EPC 코드와 같은 최소한의 정보만 저장하고, 상품 관련 상세 정보는 인터넷을 통해 검색해 활용하는 방식으로, EPC에도 여러 가지가 있으나 최근의 투표에서 'EPC GEN2' 태그방식이 RFID세계표준으로 확정되었다.

■ RFID는 그 특성에 따라 활용범위도 광범위하며 공정관리, 공급망 관리, 운송, 신용카드 등의 다양한 분야에 응용될 수 있다. 먼저, 공정관리 면을 살펴보면 공정별 수행현황에 대한 정보를 쓰고, 불량에 대한 기록을 통하여 공정라인 상에서 자동으로 불량공정(수정, 폐기)으로 전달하고 공정관리 자료를 실시간 얻을 수 있으며, 최종 작업자, 일자 등을 저장하여 A/S에도 활용할 수 있다. 둘째, 공급망 관리는 물자, 정보, 재정 등이 공급자로부터 생산자, 도매업자, 소매상인, 그리고 소비자에게 이동함에 따라 그 진행과정을 감독하는 것이 중요하다. 이러한 과정에서 수반되는 여러 가지 정보들을 RFID 태그에 담아 모든 상품의 식별과 상태파악, 감지, 추적 등이 가능하며, 기계 스스로가 고장을 진단하고 수명이 다 된 부품을 주문하는 등의 진보된 단계로까지 발전할 수 있다. 셋째, 운송 면에서는 화물 접수 시, 배송 정보를 저장한 태그를 부착하면 리더기가 장착되어 있는 구역 내에서의 입·출고 되는 물품 명세서 리스트들은 물건의 도착과 선적에 관한 사항에 직접 반영되며, 즉시 현재 최신의 정보로 변형되어 관리가 용이하다.

다음 그림은 RFID의 시스템 구성으로 RFID Tag에서 얻은 정보를 Radio 주파수로 RF Reader에게 전달된 후, 서버에서 관리 운영하는 체제를 갖는다.

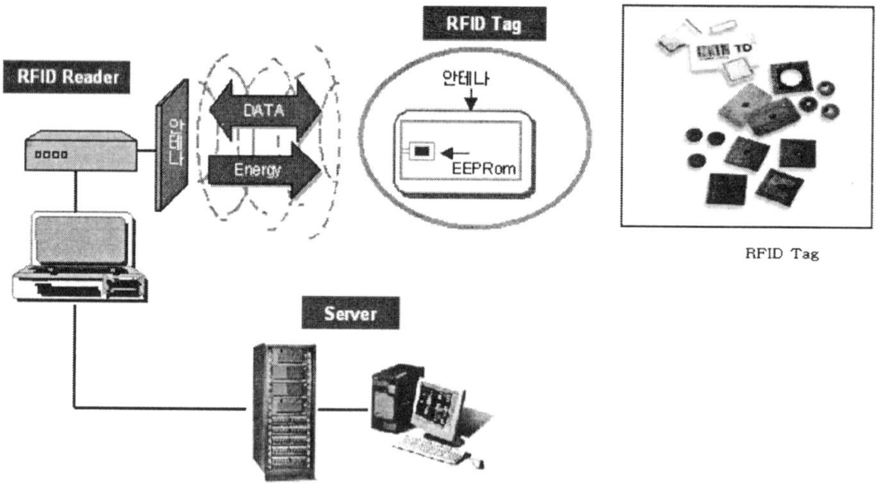

[그림5-4] RFID의 시스템 구성도

제 6 장

유비쿼터스 통신

6.1 유비쿼터스 정의 및 유비쿼터스 네트워크

'유비쿼터스(Ubiquitous)'란 과거 여러 사용자가 한 컴퓨터를 사용하던 main-Frame 시대를 거쳐 한 사용자가 한 컴퓨터를 사용하던 PC 시대를 거쳐서, 현재의 한 사용자가 여러 컴퓨터를 사용하는 시대가 도래 하는데, 이러한 시대적 배경이 유비쿼터스 시대를 가능하게 하며, 다음 그림은 이 시대적 배경의 컴퓨터 환경을 의미한다.

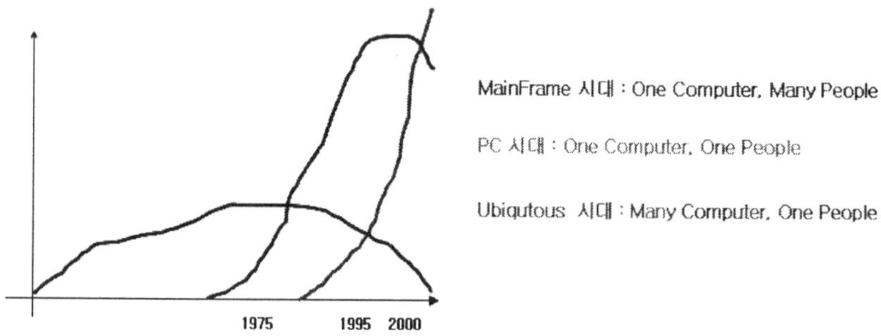

[그림6-1] Computer 와 사용자의 시대적 배경

'유비쿼터스(Ubiquitous)'란 라틴어로 '모든 곳에 있다' 는 뜻을 가진 단어로 요즘 부각되고 있는 용어 중의 하나이다. 유비쿼터스는 최근 각종 정보기술(IT) 전시회 및 컨퍼런스에서 최대 화두로 다뤄지고 있으며, 이는 실세계의 각종 사물들과 물리적 환경 전반 즉, 물리공간에 걸쳐 컴퓨터들이 편재되게 하되 사용자에게는 겉모습이 드러나지 않도록 환경 내에 효과적으로 심어지고 통합되도록 한다는 것은 것을 암시한다. 다음 그림은 유비쿼터스의 실체인 제 3의 공간을 의미한다.

유비쿼터스 네트워크사회의 기본 개념을 집약하여 살펴보면, 1) 언제 어디서나 환경에 적응 가능한 네트워크 환경, 2) 편의성, 다양성이 높아진 단말 환경, 3) 개인에 적합한 서비스 및 어플리케이션의 자유로운 이용 환경, 4) 다수의 이용자 및 시스템이 동시에 접속/이용가능한 초고속망 환경, 5) 안심하고 사용할 수 있는 안전한 정보이용 환경 등으로 나타낼 수 있다. 이를 위해서는 광대역, 이동형, Network, OS 등 기반 시스템 및 안전한 통신이 지원되는 U(Ubiquitous)-Broadband, U-Network, U-Platform, U(Ubiquitous)-Appliacne, U-Contents, U-Agents, U-teleporation, 등을 창출하는 것을 의미한다.

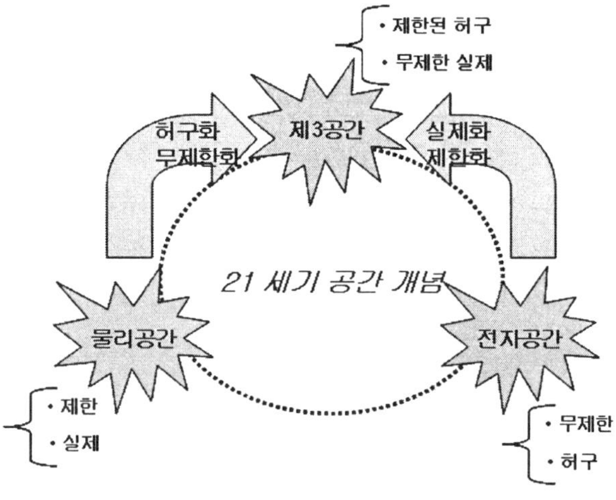

[그림6-2] 제3의 공간

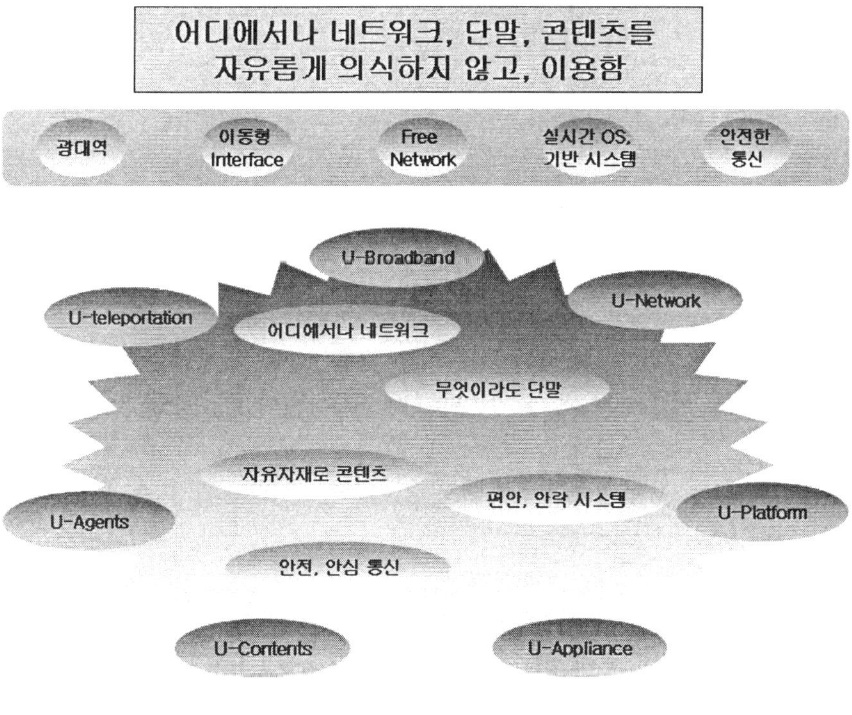

[그림6-3] 유비쿼터스 네트워크의 기본 개념

■ 언제 어디서나 자유롭게 모든 서비스를 이용할 수 있는 네트워크가 실현되고, 수십, 수백억개의 PC, 가전, 센서들이 네트워크에 접속되어 활용되어지며, 실시간 개인 인증 및 응답은 Ubiquitos 네트워크를 기반으로 가능해 질 수 있다.

6.2 유비쿼터스를 가능하게 하는 무선 기술

유비쿼터스 개념으로 활용되는 다양한 기술 들이 있다. 어디서나, TV 등을 볼 수 있는 개념으로 DMB가 있고, 또한, 언제 어디서나 인터넷을 사용할 수 있는 Wibro 기술 및 유비쿼터스 센서 네트워크 등의 예를 들 수 있다.

(1) DMB

DMB(Digital Multimedia Broadcasting)는 본래 '디지털 멀티미디어'를 뜻하는 DAB(Digital Audio Broadcasting)에서 출발했다. 오로지 '듣는' 방송이었는데, DAB가 '보고 듣는' DMB가 된 것은 2003년 1~2월이다. 당시 우리나라 방송위원회와 정보통신부는 DAB가 오디오는 물론 TV방송과 데이터를 포괄하는 멀티미디어 방송서비스를 지칭하는 용어로 적절하지 않다면서 이를 'DMB'로 통일했다.

지상파 DMB의 경우 주파수 여건상 전국 단일의 주파수 망(SFN: Single Frequence Network)에 의한 전국 방송이 쉽지 않은데, 최근에는 난시청 지역을 해소하기 위해 정통부에서 대책을 수립중이며, 단말기 제조 업체인 삼성, LG에게 중계기 설치를 요청해 놓은 상태이다. 지상파 DMB의 경우 6㎒를 다시 3개의 주파수 블록(멀티플렉스)으로 쪼개 각각의 사업자가 선정되었으며, 각 사업자가 활용할 수 있는 대역폭은 대략 1.2Mbps이다. 1개 주파수 블록을 통째로 사용할 경우 1.5~1.7Mbps의 데이터 전송율(bit-rate)이 가능한데, 혼신을 막기 위한 경계주파수(가드밴드)와 오류정정부호 등을 감안하면 실제로 사용 가능한 전송률이 1.2Mbps 가량이다. 따라서 각 사업자는 1.2Mbps를 여러 개의 비디오 및 오디오 채널로 쪼개 써야하는데, 압축효율이 높은 최신의 비디오 압축기술인 'MPEG-4 파트10 AVC'(H.264)을 기술표준으로 적용함으로써 하나의 멀티플렉스에 2개의 TV채널을 싣거나, 아니면 하나의 TV채널과 여러개 의 오디오 및 데이터 채널을 수용할 수 있다. 본질적으로 대역폭의 한계가 있지만, 효율성이 높은 압축기술을 채택해 '다채널 방송'을 가능하게 한 것인데, H.264는 384kbps의 대역폭으로 아날로그 비디오테이프(VHS)에 해당하는 정도의 수신화질을 구현할 수 있다. 이와 관련, 비디오 규격(H.264)와 오디오 규격(MPEG-4 BSAC)은 모두 우리나라 기업과 연구소에서 상당수 지적재산권을 보유하고 있어 DMB의 확산에 따른 또 다른 수혜도 예상할 수 있다.

위성 DMB 서비스는 지상파 DMB 보다 훨씬 높은 대역인 극초단파(UHF)의 2.630~2.655㎓대역을 사용한다. 지상파 DMB가 지상의 송신소를 통해 이뤄지는 방송이라면, 위성 DMB는 대기권 밖의 인공위성이 중계기 역할을 수행한다. 지상의 방송센터에서 각종 멀티미디어 콘텐츠를 위성 주파수(Ku밴드, 12~13㎓)를 통해 위성으로 쏘아 올린다. 이어 위성은 이를 DMB 주파수인 S밴드(2.630~2.655㎓)를 통해 지상의 단말기로 뿌려주는데, 위성신호를 직접 받기가 여의치 않은 고가도로 밑이나 지하 공간에서는 '갭 필러(Gap Filler)'라는 지상의 중계기를 통해 방송신호를 수신할 수 있다. 위성에서 갭 필러까지는 Ku밴드의 하향 주파수를 통해 신호가 보내지는데, 갭 필러에서 가입자의 단말기까지는 S밴드를 통해 서비스가 제공된다. 무지향성 안테나를 사용해 이동수신의 장점을 살리도록 한 위성 DMB의 경우 Ku밴드의 주파수 특성으로 인해 음영지역이 많아 반드시 지상중계기가 있어야 멀티미디어 방송이 가능하다.

유럽의 지상파 디지털TV 규격인 직교주파수분할다중화(OFDM) 방식을 따른 것이 지상파 DMB라면, 이동통신기술과 동일한 원리의 코드분할다중화(CDM) 방식이 위서 DMB이다. 지상파 DMB와 위성 DMB는 사용하는 주파수 대역이 상이할 뿐만 아니라, 시스템 방식도 판이하다. 다음 그림은 두 DMB 의 통신체계이다.

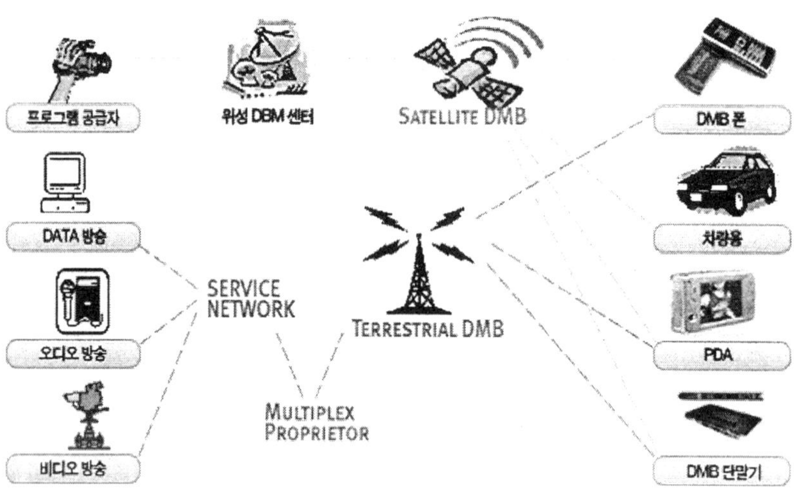

[그림6-4] DMB 네트워크

DMB용 단말기 종류를 보면, 차 안에 부착되어 있는 차량용 단말기와 휴대전화, PDA형 단말기, PC형 단말기 등이이있다. 또한 위성 DMB 방송 수신을 위한 단말기들로 휴대폰, 차량용 등이 있다. 지상파 단말기인 경우 당사에서 판매 예정중인 차량용을 비롯한 휴대폰형, PDA형 등이 있다.

(2) Wibro

와이브로(Wibro)는 Wireless Broadband Internet의 줄임말로, 우리말로는 휴대 인터넷, 무선 광대역 인터넷, 무선 초고속 인터넷 등으로 풀이된다. 이동전화처럼 언제 어디서나 이동하면서도 초고속으로 인터넷을 이용할 수 있는 서비스로, 이동전화와 무선 LAN의 중간 영역에 위치한다. 한국정보통신기술협회(TTA)를 중심으로 2003년 6월부터 표준화를 추진하는 한편, 국제전기전자기술협회(IEEE)에도 이러한 서비스를 도입하도록 하는 등 한국이 국제 표준화를 주도하고 있는 3.5세대 이동통신 서비스이다.

와이브로(Wibro)의 특징은 다음과 같다.

- 높은 전송속도 : 지금의 ADSL(약 1Mbps) 정도의 전송속도로 이동통신사의 무선 인터넷이나 3.5G HSDPA보다 데이터 전송에 유리하다.
- 이동성 : 지금도 유선사업자가 제공하는 넷스팟 같은 무선랜이나 기존 '코

드분할다중접속(CDMA : Code Division Multiple Access)'을 이용해 무선 인터넷을 할 수 있다. 하지만 무선랜은 도달거리가 짧아서 이동 중일 때나 'AP(Access Point)'가 멀어지는 실외에서는 서비스가 되지 않는다.

- 저렴한 요금 : 휴대전화상에서 사용 가능한 EV-DO 무선인터넷은 사용범위도 넓고 접속도 비교적 잘 되지만, 요금이 너무 비싸다. 하지만 휴대인터넷은 현재의 유선인터넷보다 약간 비싼 비용만 부담하면, 인터넷을 마음대로 사용할 수 있기 때문에 유선 인터넷과 이용료 차이가 크게 줄어든다.
- 다양한 콘텐츠 : 현재 CDMA무선 인터넷은 SK텔레콤 네이트나 네이트닷컴에 입점한 콘텐츠만 주로 볼 수 있지만 와이브로 단말기에서는 유선 초고속인터넷에서처럼 자유롭게 인터넷의 바다를 항해할 수 있다. 앞으로는 텔레매틱스나 홈네트워크와 연계된 콘텐츠도 나올 가능성이 있다.

항목	특징
사용주파수	2.3GHz 대역
이동성	60Km/h
서비스 범위	약 1Km
다중화 방식	TDD
다중접속 방식	OFDMA
채널대역폭	9MHz
최대 데이터 전송률	상향 : 1Mbps 하향 : 3Mbps
주파수 재사용 계수	1

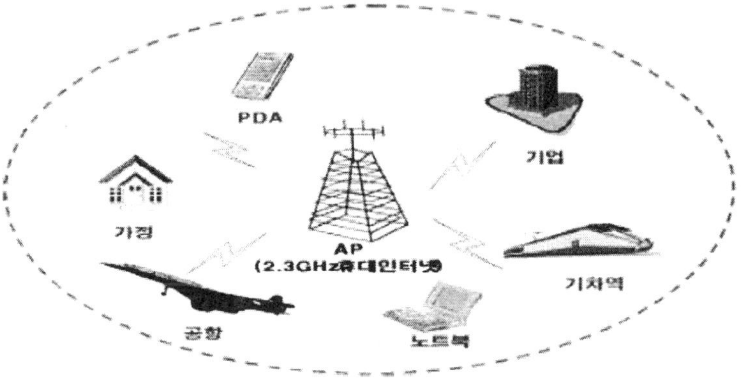

[그림6-5] Wibro 네트워크

(3) 유비쿼터스 센서 네트워크

USN(유비쿼터스 센서 네트워크: Ubiquitous Sensor Network)은 유비쿼터스 꼭 필요한 것으로 제시되는 센서의 요구에 따라 이동성 보장, 데이터 수집, 데이터 처리, 네트워크 형성 등의 기술이 더하여 져서 USN 기술이 등장하였다.

USN 기술의 큰 특징은 제한된 자원으로 구성된 소형의 내장형 시스템을 이용하여 다양한 물리량을 센싱하고, 처리하며 그 결과를 이미 구축된 네트워크를 이용하여 전달하는 것이다.

다음은 USN의 무선 센서의 특징을 의미한다.

- 제한된 전력
- battery system
- 제한된 크기와 가격
- 회수 비용 무시
- 제한된 bandwidth
- 무선 채널의 한계
- 제한된 RF 출력
- 각 요소간의 trade-off

USN의 기술들은 Ad-Hoc 네트워크를 기반으로 하는 Zigbee 및 IEEE 802.15.4 또는 RFID 등의 기술이 있다. 특히 Physical과 MAC을 802.15.4 규격에 따르는 ZigBee는 USN의 대표적인 기술이다.

USN이 갖추어야 요건들은 다음과 같다.

- 각 응용에 따라 최적화되어야 함
- 프로토콜 최적화
- 응용이나 프로토콜에 따라 독특한 데이터 트래픽을 가짐
- very low data rates, very burst when something happens
- 데이터 패킷 혼잡, 충돌이 발생
- scalable protocols, 유지하기 쉬운 topology
- 센서 노드 : low cost, low energy supply
- 노드의 성능보다 데이터가 중요한 변수
- networking paradigm의 전환
- 배터리 시스템

- 데이터 통신의 효율, trade-off
- Network self organization

USN과 같은 무선 센서 노드 기반의 서비스 들을 보면, 센서에서 측정한 여러 정보들을 무선으로 전달하며, 여러 컨트롤 명령도 무선을 통해 센서에게 전달 및 센싱 정보들은 인터넷을 통해 외부에서도 확인 가능한 시스템으로 되어 있다. 다음 그림은 무선 센서 네크워크가 외부 모니터와 관련된 시스템 예이다.

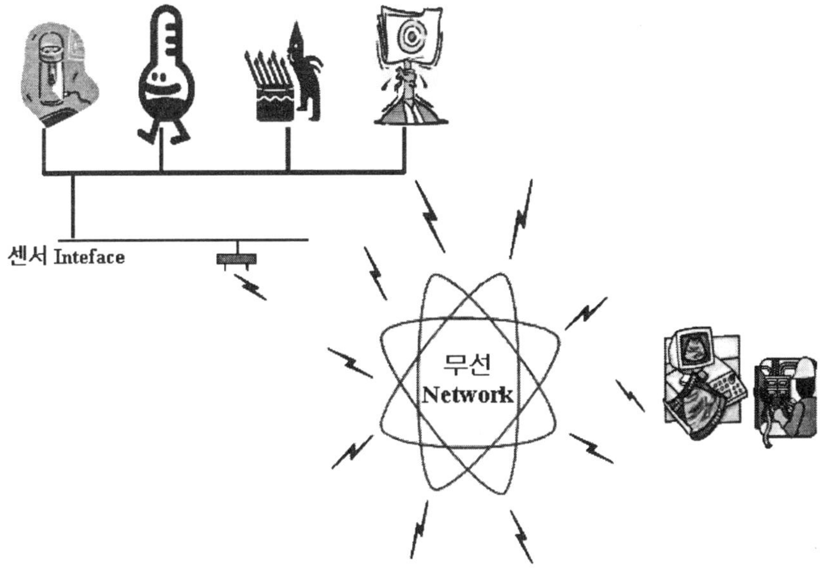

[그림6-6] 무선 센서 네드워크 시스템

6.3 유비쿼터스를 위한 응용 예

(1) 홈 네트워크

홈 네트워크(Home Network)는 Smart Home을 이루는 네트워크 기술로서 집안에서 삶의 정보를 원하는 데로 얻고, 가전 기기, 컴퓨터, 통신 기기 등의 사용이 수월하게 네트워크화 되어 있으며, 집안의 보안 및 외부와의 통신과도 연계된 시스템을 통해 유비쿼터스 집안 환경을 이루는 시스템이다. 이를 가능하게 하는 기술들은 무선 LAN, 블루투스, WPAN, IrDA, HomeRF 및 Ethernet 기술 및 Home PNA, IEEE1394, ADSL, CATV, PLC (Power Line Communication) 등이 있다.

홈 네트워크를 이루는 중심부에는 ADSL등의 외부와 홈내 내부 망과의 연동을 가능하게 하는 Home gateway가 있는데, 이를 통하여 많은 데이터의 활용 및 서비스의 다양화를 가능하게 해준다. 다음 그림은 가전 기기를 네트워크화 한 홈 네트워크 시스템을 의미한다.

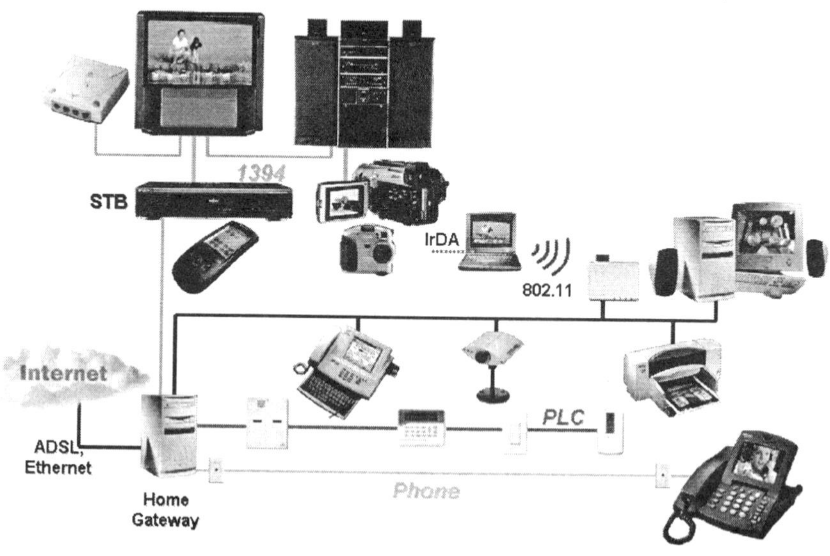

[그림 6-7] 홈 네트워크

그 외에 홈 네트워크 관련된 기술로는 Home Server, Havi와 같은 미들웨어 기술 등이 있다

(2) 차량 내 통신

자동차에서의 통신은 전장 제어 및 멀티미디어 서비스를 위해 활용되어지며, 여러 Interface 및 전장 및 Optical fiber 등을 활용해 통신에 적용한다.

차량 내에서 운전 관리 제어 및 다양한 서비스를 언제나 얻기 위해 자동차용 통신 프로토콜은 LIN, CAN, MOST 등의 네트워크가 있다.

자동차의 네트워크 프로토콜은 CAN이나 LIN처럼 운전을 위한 제어 통신 네트워크와 멀티미디어 서비스를 위한 멀티미디어 프로토콜이 있다.

자동차의 움직임에 따른 이동 위치 정보를 알려주는 GPS 또한 자동차에서 활용되는 통신이라고 볼 수 있다.

자동차의 각 성능 및 특징에 따른 프로토콜 및 네트워크는 다음과 같다.

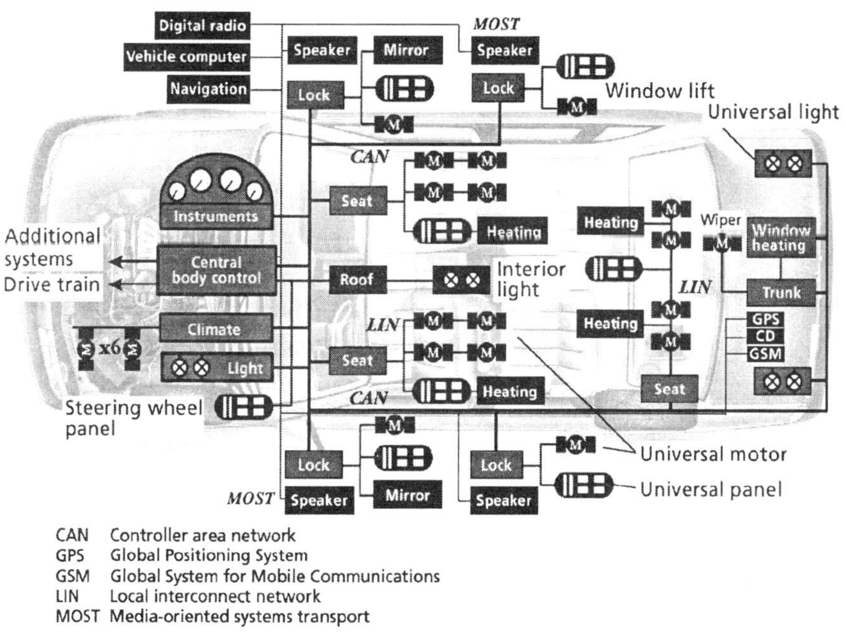

[그림 6-8] 차내 네트워크

항목	LIN	CAN	MOST
개발	Motorola	Bosch/SAE/ISO	Oasis
적용 업체	다수	다수	BMW, GM, DC, Ford, VW, Toyota
적용 대상	Smart sensors	Control 및 Diagnostics	Stream data 및 Control
통신 매체	Single wire	Twisted pair	Optical
Bit encoding	NRZ	NRZ-5 MSb first	BiPhase
다중 통신 방식	Master/Slave	Contention	Multiple Master
Error detection	8-bit Checksum	CRC	CRC
Header 길이	2 bits/byte	11 - 29 bits	
Data field 길이	8 bytes	0 - 8 bytes	
Message overhead	2 bytes	9.9 - 22 %	
Bit rate	1 - 20 kbps	10 kbps - 1 Mbps	25 Mbps
최대 네트워크 길이	40 m	일반적으로 40m	
최대 노드 개수	16	일반적으로 32	64
마이크로 프로세서 요구	X	O	O
Sleep/Wakeup	O	X	O
전용 **H/W** 유무	X	O	O
가격	낮음	중간	높음

(3) U-Health

어디서나 건강 진단 및 몸의 상태를 monitoring 서비스 받을 수 있는 시스템으로 예로써는 “생리학적 데이터를 원격감시”, “원격진단 시스템”, “병원내의 환자와 의사의 위치 파악”, “원내의 약물통제”, “사용자의 상태를 고려한 Wearable 헬스케어” 등이 있다.

(4) U-City

유비쿼터스 컴퓨팅, 정보통신 기술을 기반으로 도시 전반의 영역을 융합

(convergence)하여 통합되고(Integrated), 지능적이며(Intelligent), 스스로 혁신되는(Innovative) 도시를 의미한다.

U-City는 도시의 기능 변화, 도시의 공간 변화, 도시의 삶 변화, 도시의 경제 확대를 지향하며, 편리성, 쾌적성, 발전성의 특징을 갖는다.

- 편리성 : 교통, 행정, 편의 시설이 혁신적으로 갖추어진 도시 인프라
- 쾌적성 : 환경, 문화, 도시 공간, 안전, 건강 등의 서비스가 지능화 된 도시
- 발전성 : 경제, 산업, 교육, 산업, 삶의 질이 향상하는 도시

다음 그림은 U-City의 기반 및 특성을 의미한다.

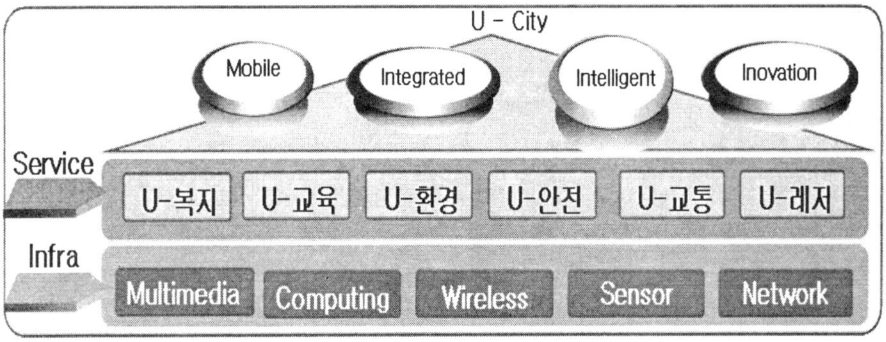

[그림 6-9] U-City 의 특성

Part Ⅱ

통신회로 및 무선네트워크 실습

제 1 장

시스템/통신신호/전자실습 Review

1.1 시스템

시스템이란 임의의 입력에 대한 응답으로 출력 결과를 산출할 수 있는 유기적 관계를 의미한다. 결국 어떤 입력의 임의의 시스템에 대한 결과로 출력을 얻어낼 수 있는 관계를 말한다. 역으로 하다면, 출력의 역 시스템은 입력을 얻어낼 수 있다. 다음 그림은 임의의 시스템 및 역 시스템과 관련한 모식도 및 관계식이다.

$$XH = Y, YH^{-1} = X \qquad \text{(식 1-1)}$$

단, X: 입력, Y: 출력, H: 시스템, H^{-1}: 역시스템

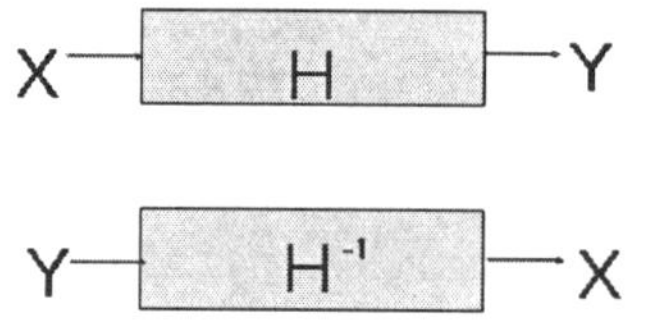

[그림 1-1] 시스템 및 역 시스템

1.2 통신 시스템

통신 시스템이란 임의의 통신 입력에 대한 출력 신호 결과를 산출할 수 있다. 대표적인 적용은 변복조 시스템의 예를 들 수 있다. 다음 그림은 송신 단에서 정보를 변조 하여 전송 시스템의 예로써 수신 단에서는 전송 신호를 복조하여 정보를 얻는 변조의 역 시스템을 보여 준다.

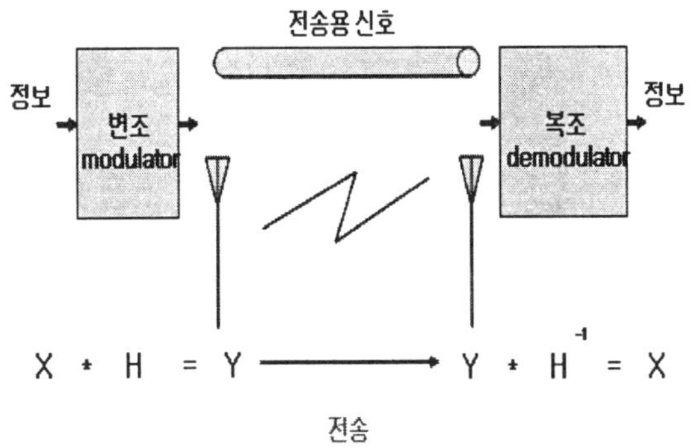

[그림 1-2] 변복조 통신 시스템

위 그림과 같은 변복조의 종류는 정보와 변조된 전송 신호의 디자털 및 아날로그 특성에 따라 다음 4가지 종류로 나뉠 수 있다.

(1) 변복조 시스템 종류

① 아날로그 정보 → 디지털 전송용 신호 : PCM
② 아날로그 정보 → 아날로그 전송용 신호 : TV, Radio
③ 디지털 정보 → 디지털 전송용 신호 : NRZ, RZ, 모오스 부호, 컴퓨터 통신
④ 디지털 정보 → 아날로그 전송용 신호 : ASK PSK, FSK. 전화선 이용 Modem

1.3 신호 관련 수학 관계식 Review

다음 그림은 대표적인 입력 X 및 시간 t 에 대한 출력 Y 관계를 보여주는 그림이다. 그리고, 통신 신호에서는 시간에 따른 사인파, 구형파, 삼각파 등이 자주 활용된다.

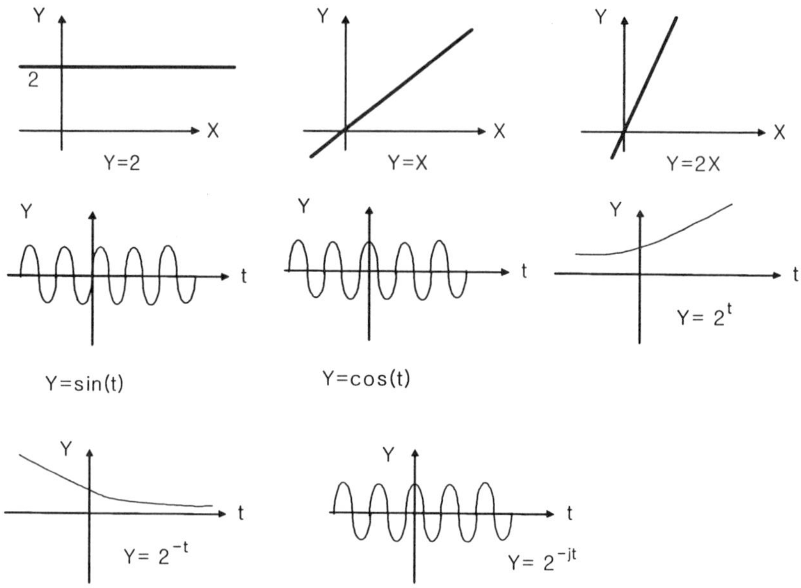

[그림 1-3] 신호 관련 관계식

특히, 다음 그림은 사인파의 관계식 및 개념을 보여준다.

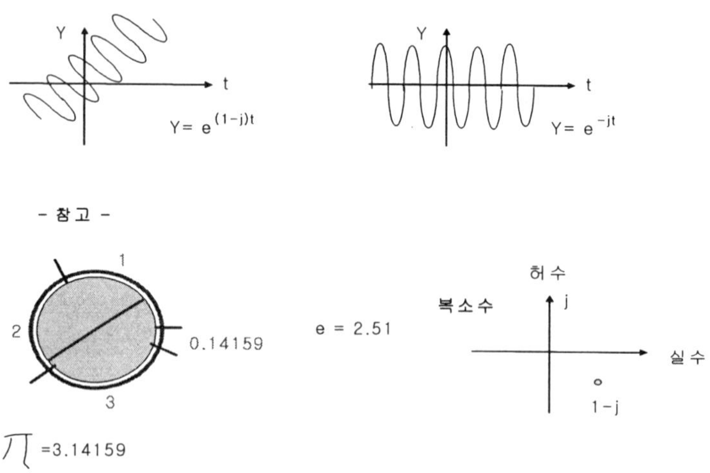

[그림 1-4] 사인파의 개념 그림

1.4 전자 회로 실습의 Review

■ 오실로 스코프/제너레이터 동작 방법

■ Blaid B/D 접속 관계

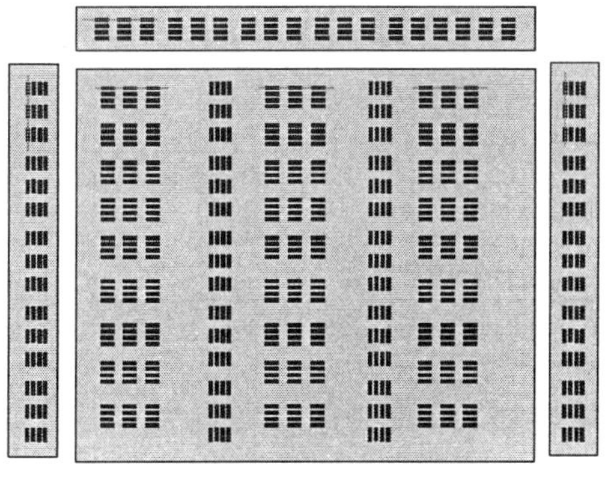

■ 저항 값 읽기 예

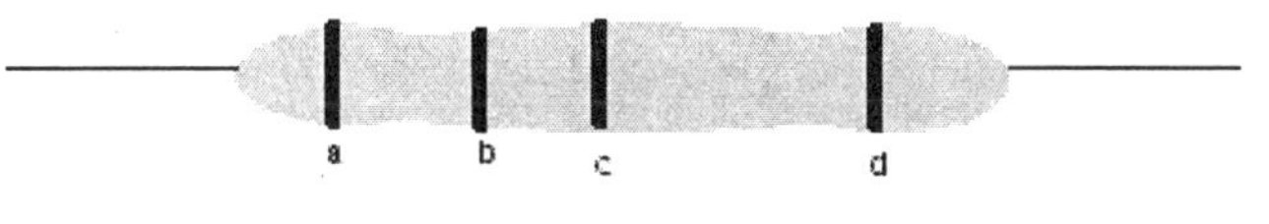

저항 값 ? ab $\times 10^{c}$ ±d %

흑 : 0, 갈 : 1, 빨 : 2, 주 : 3, 노 : 4, 초 : 5, 파 : 6, 보 : 7, 회 : 8, 흰 : 9

ex) a-- 빨강색, b--노랑색, c -- 주홍색, d -- 빨강색
저항 값은 ?

14 $\times 10^{4}$ ±2 %Ω

■ 콘덴서 값 읽기 예

* 104 는 ?

$$10 \times 10^{4} pF = 10^{1} \times 10^{4} \times 10^{-12} F$$

$$= 10^{1+4-12} F = 10^{-7} F = 10^{-1} \times 10^{-6} F = 0.01 \mu F$$

(참고) $m : 10^{-3}, \mu : 10^{-6}, n : 10^{-9}, p : 10^{-12}, K : 10^{3}, M : 10^{6}, G : 10^{9}, T : 10^{12}$

제2장
신호 및 회로 Review

2.1 전자 회로 Review

전자 회로를 이루는 소자는 저항, 콘덴서 및 인덕턴스 등이다. 저항은 전압과 전류의 비례관계에 의해서 결정 되며, 콘덴서와 인덕턴스는 잔압과 전류의 시간 경과에 따른 비례 관계에 의해서 그 값이 결정 된다. 이러한 각 소자들은 전압과 비례하고 전류와 반비례할 경우를 임피던스(Impedance)라고 하며, 전압과 반비례하고 전류와 비례할 경우를 어드미턴스(Admitance)라고 한다.

다음 그림은 기본 회로도의 예이다.

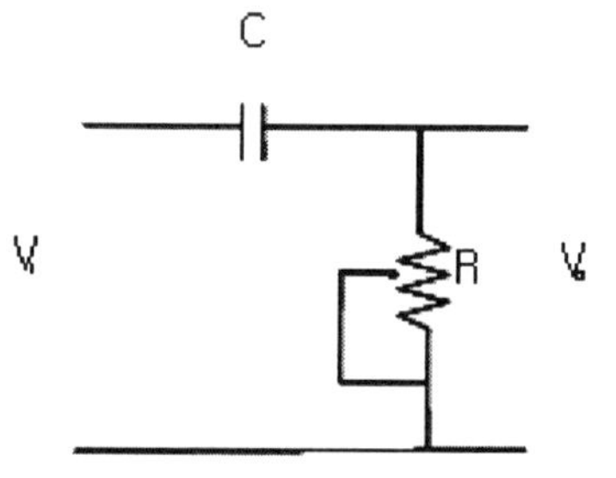

[그림 2-1] RC 전자 회로

(단, V: 전압, I: 전류, R: 저항, C: 콘덴서, Z: 임피던스, Y: 어드미턴스)

위 그림과 관련하여 그 관계식은 다음과 같다.

$$Z(\text{임피던스}) = V/I\ ,\quad Y(\text{어드미턴스}) = I/V \qquad \text{(식 2-1)}$$

이 때, 임피던스 값은 위 그림에서 $Z = V/I = jwC + R$ 와 같다.

이 그림을 수식적으로 정리하면 담음과 같다.

$$V_i = iZ = i(Z_c + Z_R) \qquad \text{(식 2-2)}$$
$$= i(\frac{1}{jwC} + R) = i(\frac{1+jwRC}{jwC})$$
$$= iR(\frac{1+jwRC}{jwRC})$$
$$= V_o(\frac{1+jwRC}{jwRC})$$

$$V_o = V_i(\frac{1+jwRC}{jwRC}) \qquad \text{(식 2-3)}$$
$$= V_i(\frac{jwRC}{1+\frac{1}{jwRC}})$$

$$|V_o| = (\frac{|jwRC|}{|1| + |\frac{1}{jwRC}|})|V_i| \qquad \text{(식 2-4)}$$
$$= (\frac{|jwRC|}{\sqrt{1^2 + |\frac{1}{(wRC)^2}|}})|V_i|$$

이 때 입력이 $V_i = \sin wt$이면, 출력은 $|V_o| = (\frac{|jwRC|}{\sqrt{|1|^2 + |\frac{1}{wRC}|^2}})\sin(wt + \phi)$

이다.

2.2 신호 처리 Review

사인파는 원 둘레를 계속 회전하는 과정에 따라 사인파가 발생됨을 알 수 있다. 즉, 원 둘레를 0도에서 360도를 회전하여 한 바퀴 돌면, 사인파의 한 주기가 돌아가는 규칙으로 사인파 신호가 발생됨을 볼 수 있다. 결국 원 둘레를 계속적으로 회전하는 형태로 사인파는 시간적 주기를 가지고 발생하게 된다. 다음 그림은 원의 회전과 주기 및 사인파 발생의 그림 개념도 이다.

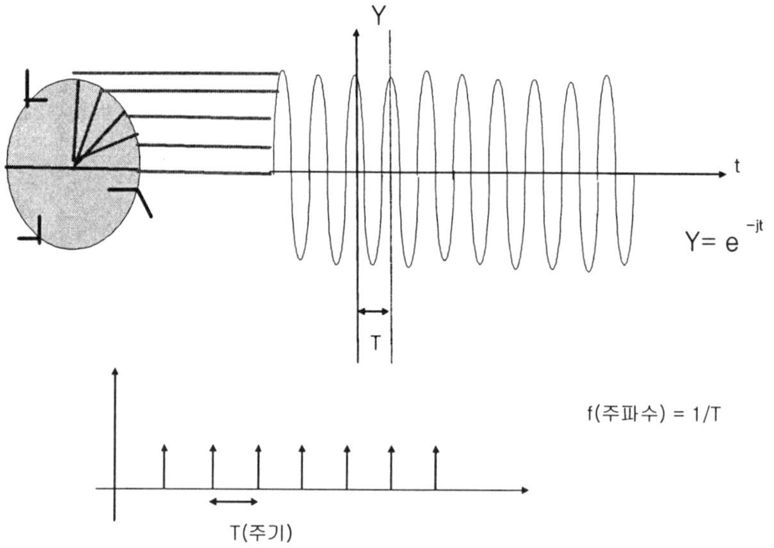

[그림 2-2] 원의 회전에 따른 사인파 발생 개념도

2.3 CR 미분 회로의 응답 곡선 분석

[그림 2-1]과 같은 RC 회로에서 사인파 입력을 위하였을 때와 구형파 입력을 위하였을 때 각 출력은 다음 그림과 같다.

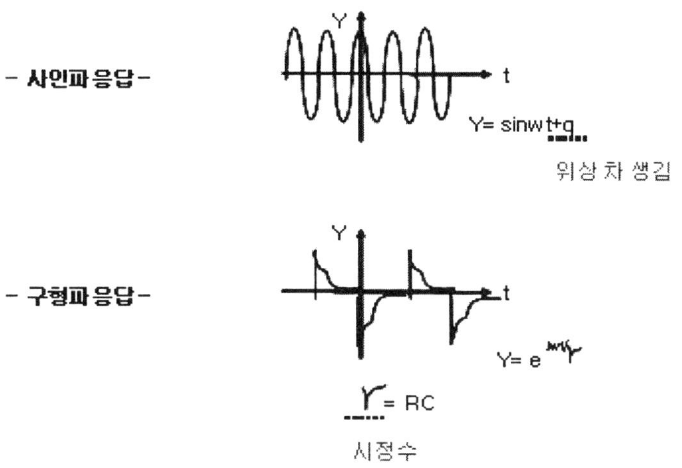

[그림 2-3] RC 회로의 사인파, 구형파 응답

2.4 OP Amplifier

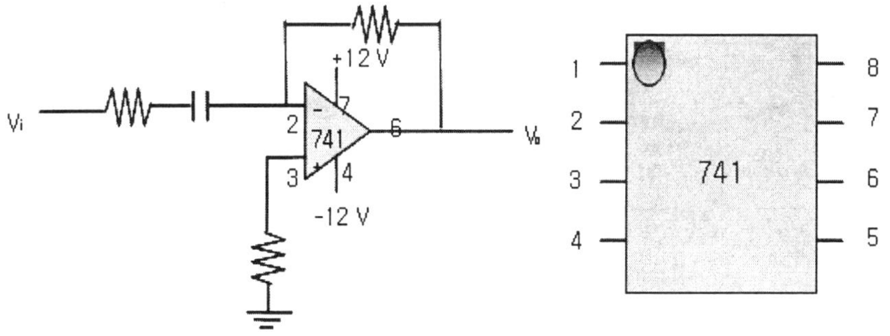

[그림 2-4] 741 칩의 회로도 예와 핀 번호

입력 전압이나 전류에 대해 몇 배의 이득을 얻을 수 있는 소자로써 증폭기가 있다. 특히 증포기의 종류는 차등 증폭기, A급, B급 등 다양다. 또한, 증폭기 칩도 741, 531 등 여러 칩이 있다. 다음은 그 중 741 칩을 사용한 한 회로도 예이며, 741 칩의 pin 번호를 보여 준다

2.5 RC 회로 시스템 응답 실습

① 다음 (실습 1) 회로를 연결한다.

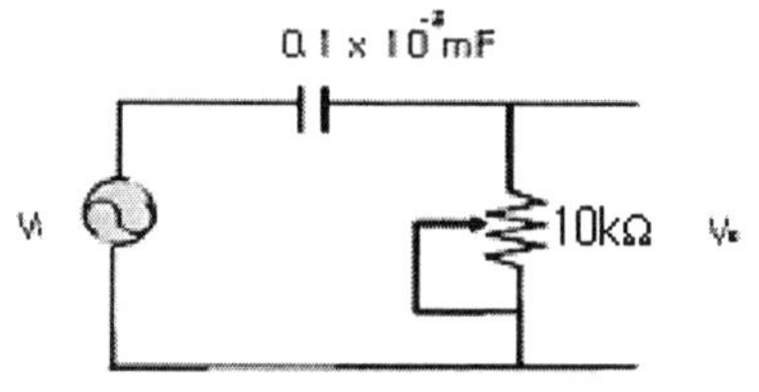

[그림 2-5] 실습 1

② (실습 1) 회로에서 입력이 사인파일 때 출력을 관찰하라

③ (실습 1) 회로에서 입력이 구형파일 때 출력을 관찰하라

④ 다음 (실습 2) 회로를 연결한다.

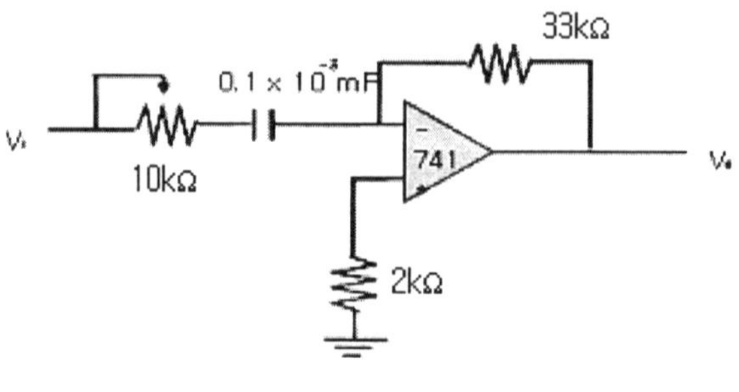

[그림 2-6] 실습 2

⑤ (실습 2) 회로에서 입력이 사인파일 때 출력을 관찰하라

⑥ (실습 2) 회로에서 입력이 구형파일 때 출력을 관찰하라

제3장
필 터

3.1 필터 분석

(1) 퓨리어 변환(Fourier Transform)

퓨리어 변환이란 시간 영역을 주파수 및 각속도 영역으로 변환하는 법칙을 의미한다.

이를 수식적으로 쓰게 되면, 다음과 같다.

$$X(w) = \int_{-\infty}^{+\infty} x(t) e^{-jwt} dt \quad \text{-- >} \ X(w),\ X(f)\ ;\ w = 2\pi f \qquad \text{(식 3-1)}$$

퓨리어 변환은 주기적인 시간 열에서 주기의 역수 개념인 주파수 개념으로 변환하는 것을 의미하며, 시간 영역에서 주파수 영역으로 변환하면 퓨리어 변환이며, 주파수 영역에서 시간 영역으로 변환하면 퓨리어 역 변환이 된다. 다음 그림은 시간 영역을 주파수 영역으로 변환하는 퓨리어 변환의 개념적인 모식도 이다.

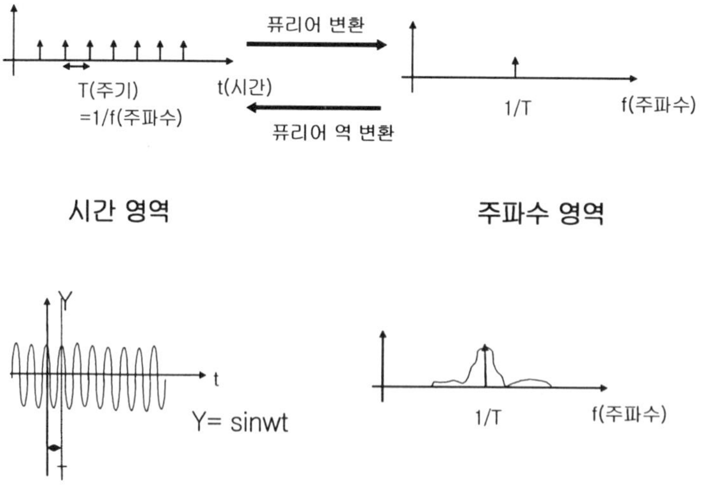

[그림 3-1] 퓨리어 변환의 개념도

(2) 콘볼루션(Cnvolution)

시간에 따른 시스템 처리를 할 때, 시간 영역에서의 시스템 처리 과정을 콘볼루션이라 한다. 즉 입력이 $x(t)$ 이고, 시스템이 $h(t)$일 때, 출력 $y(t)$를 산출하는 과정이 콘볼루션이 된다. 이 때 콘볼루션의 표현은 * 이며, 그 식은 다음과 같다.

$$y(t)=x(t)*h(t)=\int_{-\infty}^{+t} x(\tau)h(\tau-t)dt \qquad \text{(식 3-2)}$$

(단, $x(t)$: 입력, $h(t)$: 시스템, $y(t)$: 출력)

만약 시간 영영을 주파수 영역으로 변환한다면, 단지 곱셈하면 주파수 영역의 출력을 얻을 수 있다. 다음 식은 주파수 영역에서의 시스템 처리 식이다.

$$Y(f)=X(f)\cdot H(f) \qquad \text{(식 3-3)}$$

(단, $X(f)$: 입력, $H(f)$: 시스템, $Y(f)$: 출력)

다음 그림은 각 시간 영역 및 주파수 영역에서의 콘볼루션 및 곱 처리에 따른 시스템 처리를 의미하는 그림이다.

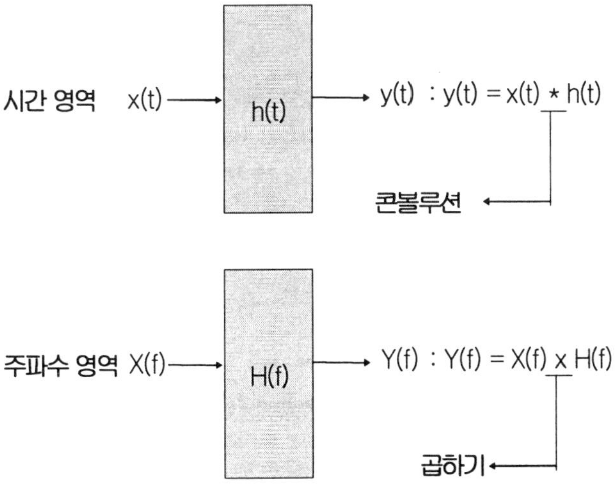

[그림 3-2] 시간 영역과 주파수 영역의 시스템 처리

3.2 통신에서의 Filter 처리

Filter는 통신 시스템과 연계되어 다양하게 활용되는데, 즉, 노이즈 제거, 반향 제거 및 등화기 등 다양하게 적용될 수 있다. 다음 그림은 송신기에서 임의의 주파수 밴드를 가지고 정송되는 정보가 있을 때, 전송로를 통과하면서 잡음 등의 혼합으로 원 정보가 혼합되어 수신 하게 되는데, 원 정보만을 추출하기 위해 원 정보 대역만을 필터링하여 원 정보를 얻는 방법에 대한 그림이다.

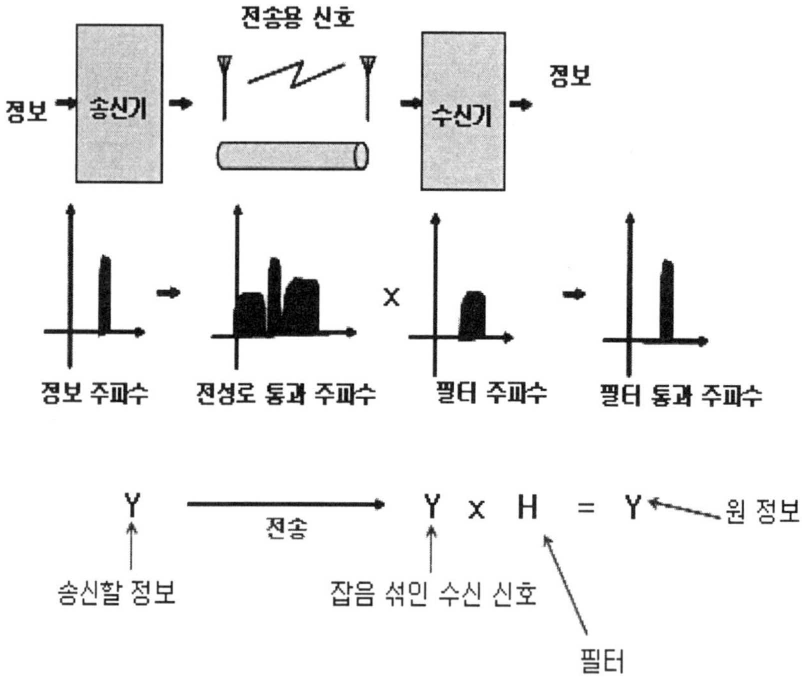

[그림 3-3] 통신 시스템에서의 필터 적용

3.3 통과 특성에 따른 필터 종류

필터는 입력 신호의 주파수 위치 중에서 어느 부분을 통과 시키는냐에 따라 종류를 나눌 수 있다. 즉, 낮은 주파수 값을 통과 시키는 필터를 저역 통과 필터라고 하며, 높은 주파수의 값들만을 얻으려면 고역 통과 필터를 적용하면 된다. 만약 어떤 특정 중간 주파수의 값들만을 얻고자 하면 대역 통과 필터를 적용하며, 특정 주파수의 값만을 제거하기 위해서는 대역 제거 필터를 적용하게 된다. 이는 주파수 영역에서 시스템 처리에서 입력과 필터 시스템의 곱셈으로 출력 값을 얻기 때문에 원하는 대역 이외의 값이 거의 0인 필터의 곱셈 식에 의해서 원하는 주파수의 대역 값 만을 얻게 된다.

다음 그림은 주파수의 통과 특성에 따른 4 가지의 필터 종류를 보여 준다.

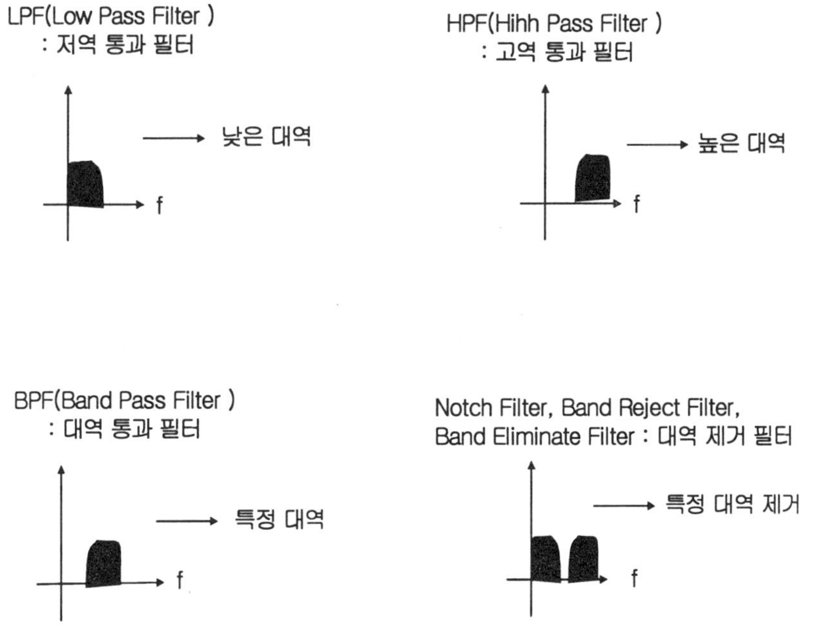

[그림 3-4] 통과 특성에 따른 4가지 필터 종류

결국 저역 통과 필터(Low Pass Filter)는 저주파 신호를 얻을 수 있는 필터이고, 고역 통과 필터(High Pass Filter)는 저주파 신호를 제거하는 필터이다. 또한. 대역 통과 필터(Band Pass Filter)는 원하는 주파수 대역 만을 얻기 위한 필터이고, 대역 제거 필터(Band Reject Filter, Band Eliminate Filterl. Notch Filter)는 원하는 대역만을 제거하는 필터이다.

3.4 차단 주파수

차단 주파수(Cut off Frequency)는 필터에서 최대 크기의 0.707 배 정도 되는 주파수 값을 의미한다. 예를 들어 LPF(Low Pass Filter)는 다음 [그림 3-5]와 같이 하나의 차단 주파수를 갖고, 차단 주파수 보다 적은 주파수 값을 갖는 값은 원 크기를 가지고 통과하지만 차단 주파수 보다 큰 주파수의 입력이 필터를 통과 할 때, 입력이 크면 커질 수록 더 점점 작아지는 결과를 보여 준다.

마찬가지로 HPF(High Pass Filter)인 경우는 차단 주파수 보다 클 경우에는 원 크기의 신호를 통과 하지만, 입력의 주파수가 차단 주파수 보다 적어질 수록 통과 신호 크기가 작아 진다. 또한, 대역 통과 필터(Band Pass Filter) 또는 대역 제거 필터(Band Reject Filter) 등은 차단 주파수가 2 개씩 있는 서로 대칭으로 해서 각 차단 주파수 값을 경계로 입력에 대한 필터 통과 크기의 경계를 결정할 수 있다.

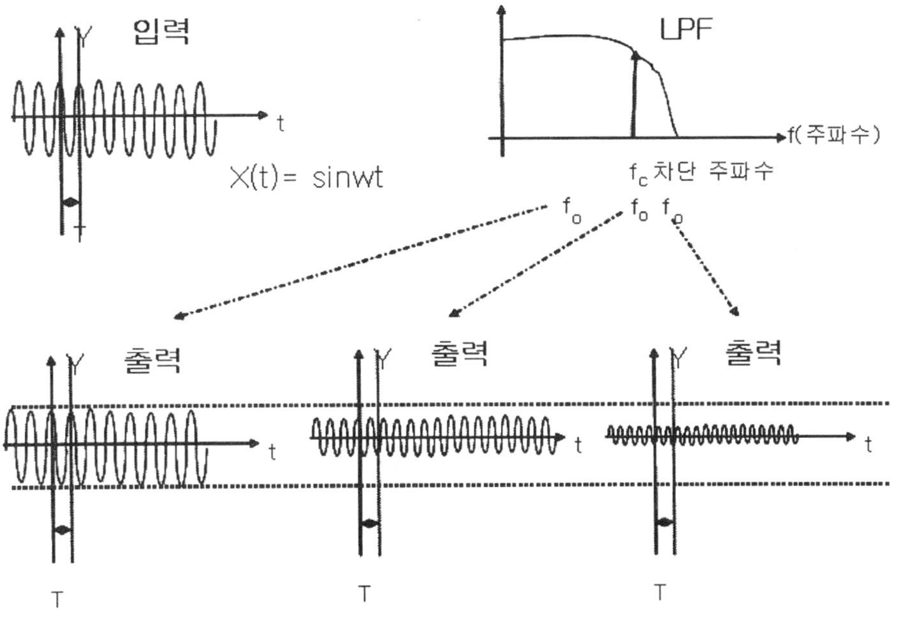

[그림 3-5] LPF의 주파수 특성에 통과 크기 비교

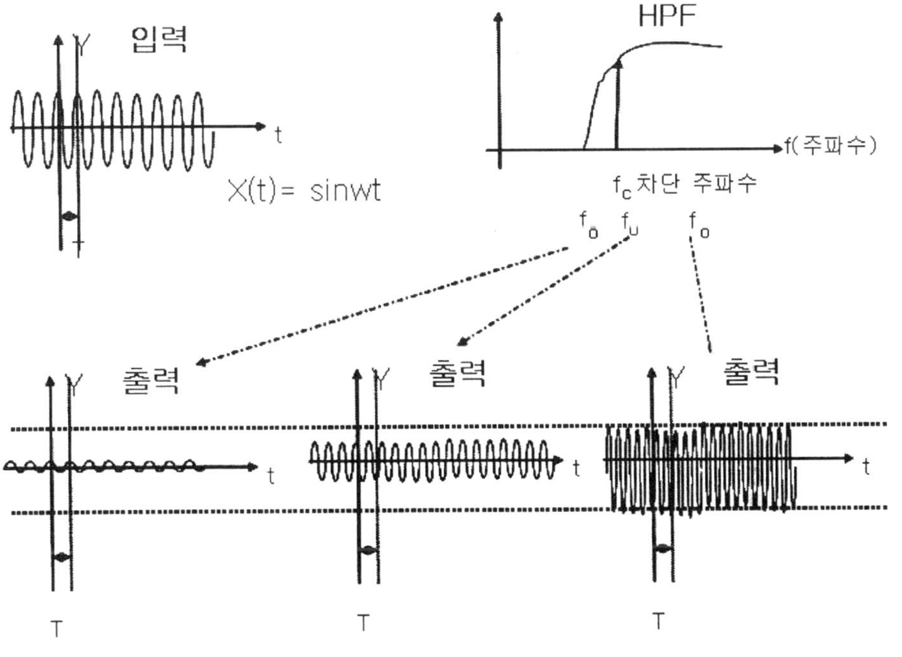

[그림 3-6] HPF의 주파수 특성에 통과 크기 비교

3.5 LPF, HPF 필터 회로 실습

① 다음 (실습 1) 회로를 연결한다.

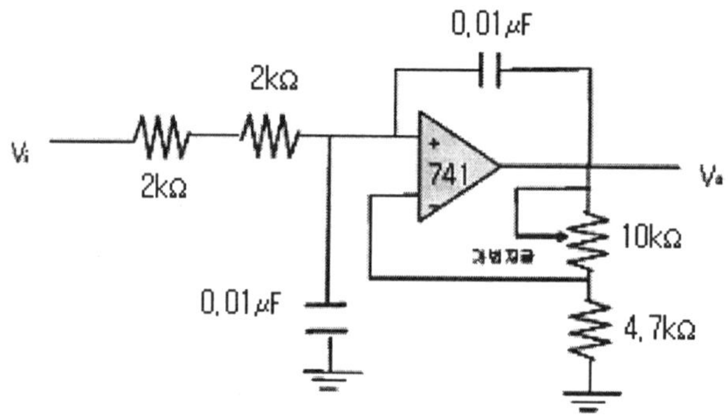

[그림 3-7] 실습 1

② (실습 1) 회로에서 입력이 사인파일 때 주파수를 바꾸어 가면서 출력을 관찰하라

③ 실습 ②단계에서 차단 주파수를 측정하라.

④ 다음 (실습 2) 회로를 연결한다.

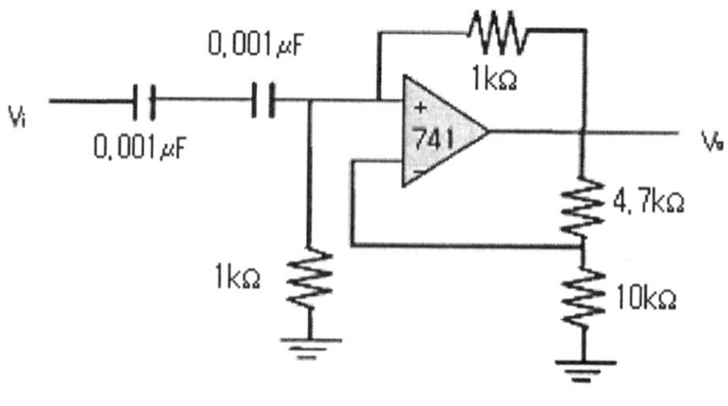

[그림 3-7] 실습 2

⑤ (실습 2) 회로에서 입력이 사인파일 때 주파수를 바꾸어 가면서 출력을 관찰하라

⑥ 실습 ⑤단계에서 차단 주파수를 측정하라.

제4장
필터 특성

4.1 특성 파라미터

필터의 특성은 차단 주파수(Cut off Frequency) 뿐만이 아니라, 대역폭(BandWidth : BW), 이득(Gain), 중간 주파수, 선택도(Selectivity) 등을 의미한다. 대역폭은 차단 주파수 부터를 기준으로 하는 주파수 영역을 의미하며, 중간 주파는는 BPF 쪼는 BRF등에서 두 개의 차단 주파수간의 중간의 주파수를 의미한다. 또한 선택도를 통하여 입력되는 신호의 선택 정도를 평가 할 수 있다. 결국, 저역 통과 필터(Low Pass Filter), 고역 통과 필터(High Pass Filter)에서는 차단 주파수, 이득 및 대역폭의 특성을 갖으며, 대역 통과 필터(Band Pass Filter), 대역 제거 필터(Band reject Filter) 등은 차단 주파수, 이득, 대역폭뿐만이 아니라 중간 주파수의 특성이 추가된다.

다음 식 들은 필터에서 특성을 나타내는 파라미터에 관련된 식이다.

- 중간 주파수 : f_o
- Bandwidth : BW
- 선택도 : $Q = \dfrac{f_o}{BW}$
- 차단 주파수 : $f_{c1} = BW - \dfrac{f_o}{2}$, $f_{c2} = BW - \dfrac{f_o}{2}$

4.2 특LPF의 특성 값

다음은 LPF의 특성을 의미한다.

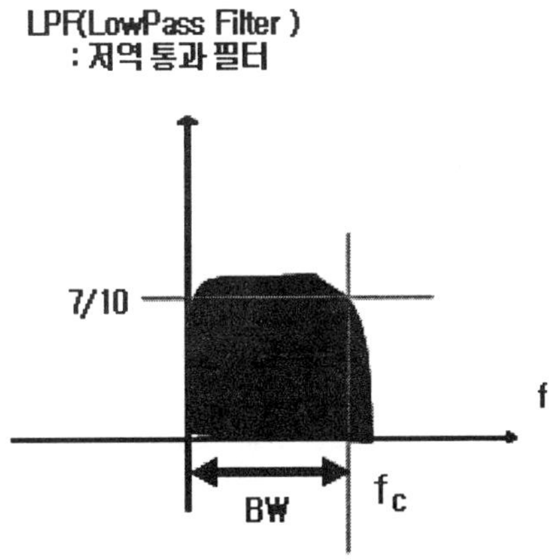

[그림 4-1] LPF의 특성

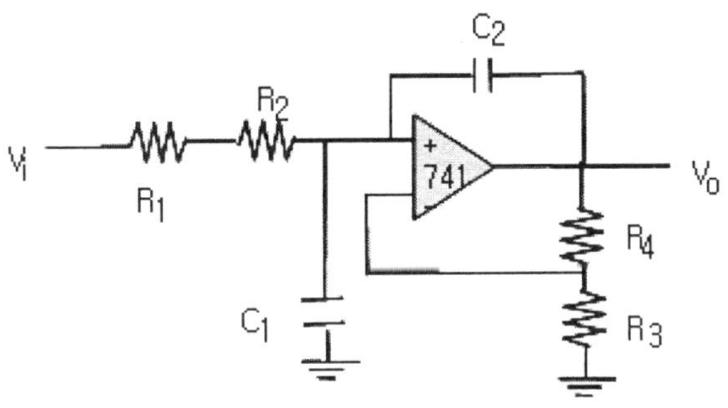

[그림 4-2] LPF 회로

- 차단 주파수 : $f_c = \dfrac{1}{2\pi\sqrt{R_1 R_2 C_1 C_2}}$
- 증폭 이득 : $A_v = 1 + \dfrac{R_4}{R_3}$
- Bandwidth (BW) : $BW = f_c$

4.3 HPF의 특성 값

다음은 HPF의 특성을 의미한다.

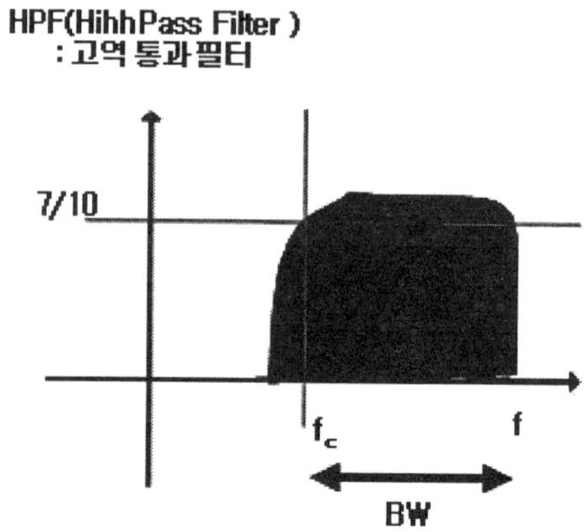

[그림 4-3] HPF의 특성

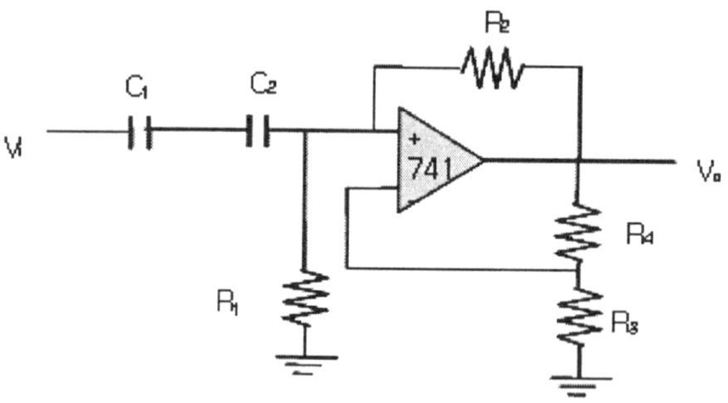

[그림 4-4] HPF 회로

- 차단 주파수 : $f_c = \dfrac{1}{2\pi\sqrt{R_1 R_2 C_1 C_2}}$
- 증폭 이득 : $A_v = 1 + \dfrac{R_4}{R_3}$

4.4 BPF의 특성 값

다음은 BPF의 특성을 의미한다.

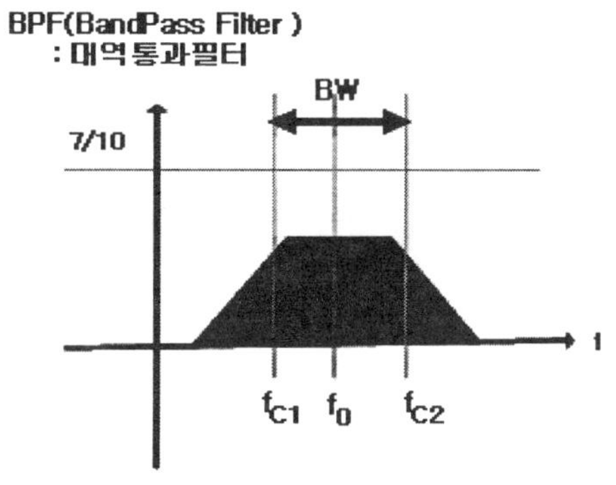

[그림 4-5] BPF의 특성

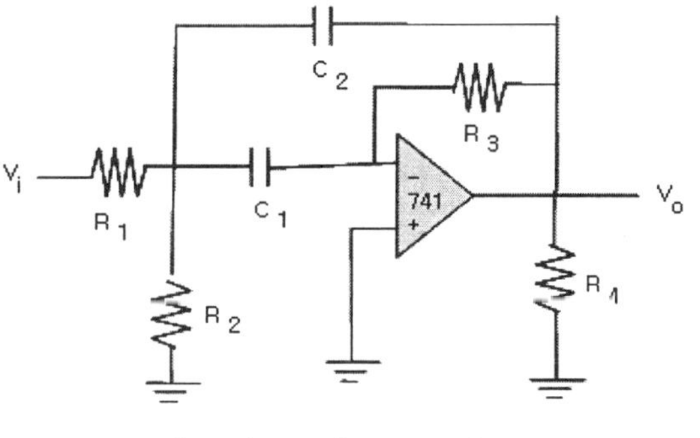

[그림 4-6] BPF 회로

- 중간 주파수 : $f_o = \dfrac{1}{2\pi\sqrt{R_1 R_2 C_1 C_2}}$
- 선택도 : $Q = 0.5\sqrt{\dfrac{R_3}{(R_1 \| R_2)}}$
- Bandwidth : $BW = \dfrac{f_o}{Q}$
- 차단 주파수 : $f_{c1} = BW - \dfrac{f_o}{2}$, $f_{c2} = BW - \dfrac{f_o}{2}$

4.5 Notch Filter의 특성 값

다음은 Notch Filter 의 특성을 의미한다.

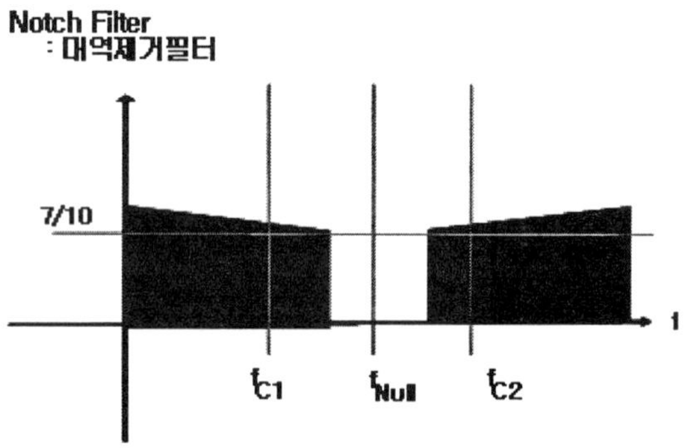

[그림 4-7] Notch Filter 의 특성

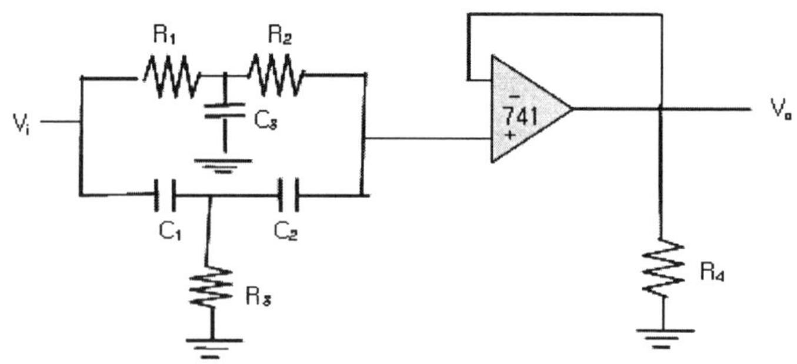

[그림 4-8] Notch Filter 회로

- 중간 주파수 : $f_{\nu ll} = \dfrac{1}{2\pi\sqrt{R_1 R_2 C_1 C_2}}$
- 선택도 : $Q = 0.5\sqrt{\dfrac{R_3}{(R_1 \| R_2)}}$
- Bandwidth : $BW = \dfrac{f_{null}}{Q}$
- 차단 주파수 : $f_{c1} = BW - \dfrac{f_{null}}{2}$, $f_{c2} = BW - \dfrac{f_{null}}{2}$

4.6 BPF, Notch Filter의 특성 값 관찰 실습

① 다음 (실습 1) 회로를 연결한다.

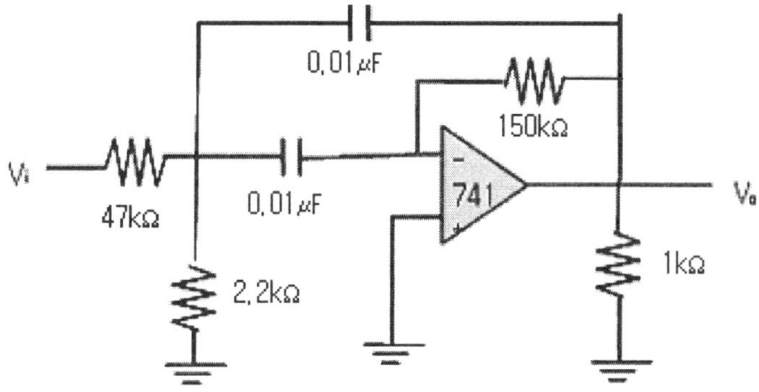

[그림 4-9] 실습 1

② (실습 1)의 입력 주파수를 바꾸어 가며 차단 주파수와 중간 주파수 값을 관찰하라

③ (실습 1) 회로에서 중간 주파수, 선택도, 대역폭, 차단 주파수를 계산하라.

④ 다음 (실습 2) 회로를 연결한다.

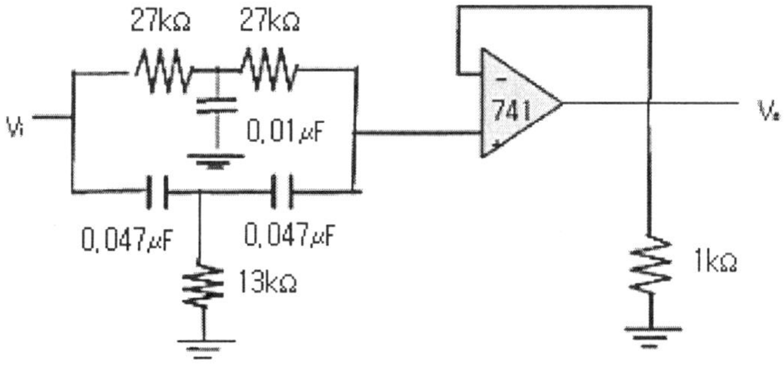

[그림 4-9] 실습 2

⑤ (실습 2)의 입력 주파수를 바꾸어 가며 차단 주파수와 중간 주파수 값을 관찰하라

⑥ (실습 2) 회로에서 중간 주파수, 선택도, 대역폭, 차단 주파수를 계산하라.

제 5 장
진폭 변조(AM)

5.1 진폭 변조 정의

진폭 변조(Amplitude Modulation)란 정보를 진폭의 변화로 표현하여 전송하려는 것으로 무선 라디오 방송 등에서 전통적으로 써 오던 대표적인 방송 통신 방식이다. 즉, 정보 보다 큰 주파수를 갖는 반송파의 진폭에 정보를 실어서 전송하는 아날로그 변조 방식이다. 먼저 반송파에 정보를 싣는 방법으로 AM을 비롯한 PM(Phase Modulation), FM(Frequency Modulation) 등이 있다.

PM은 정보를 반송파의 위상에 싣는 방식이고 FM은 정보를 주파수에 싣는 방식이다. 이 때, 주파수와 위상은 시간적인 미적분 관계에 있게 되는데, 이는 원 둘레를 도는 주기를 갖는 반송파에서 위상은 주파수와 원둘레 및 시간과의 곱과 관계되기 때문이다. 즉, 반송파를 $A_c\cos(w_c t+\theta)$ 이라 할 때 AM은 정보와 반송파의 곱이기 때문에 "$정보\cos(w_c t+\theta)$ "로써 표현되고, PM은 반송파의 위상에 정보를 싣기 때문에 "$A_c\cos(w_c t+정보)$" 가 된다.

또한, FM은 반송파 위상의 시간적 도함수와 관계된기 때문에 "$A_c\cos(w_c t+\int 정보 dt)$"로써 표현될 수 있다. 특별히, AM은 반송파의 진폭에 정보를 실을때, 실제 다음과 같은 그림의 시스템 처리를 통해 AM을 얻을 수 있다.

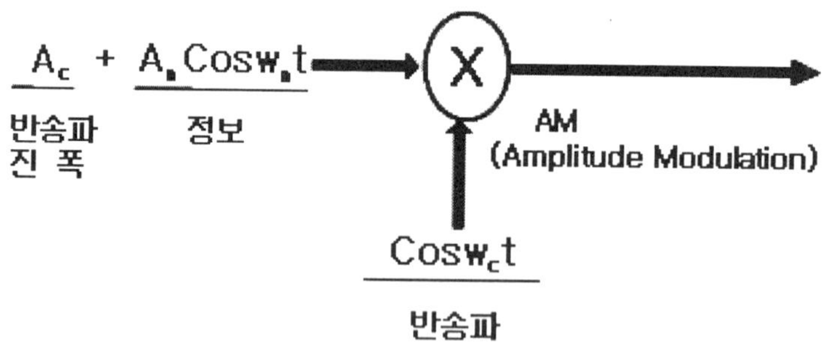

[그림 5-1] AM 처리도

위 AM 그림을 수식적으로 표현하면, 다음과 같은 식으로 표현된다.

$$AM: (A_c + A_s\cos(w_s t))\cos(w_c t) \qquad \text{(식 5-1)}$$
$$= A_c(1 + \frac{A_s}{A_c} cos(w_s t))\cos(w_c t)$$
$$= A_c(1 + m cos(w_s t))\cos(w_c t)$$

단, 변조도$(m) = \frac{A_s}{A_c}$, 변조율$(m) = \frac{A_s}{A_c} 100(\%)$

위 AM 시스템에서 변조도 및 변조율은 AM의 변조 정도를 보는 중요 파라미터가 된다. 위 수식의 결과를 통하여 다음 그림과 같이 AM의 다른 처리 도를 그려 낼 수 있다.

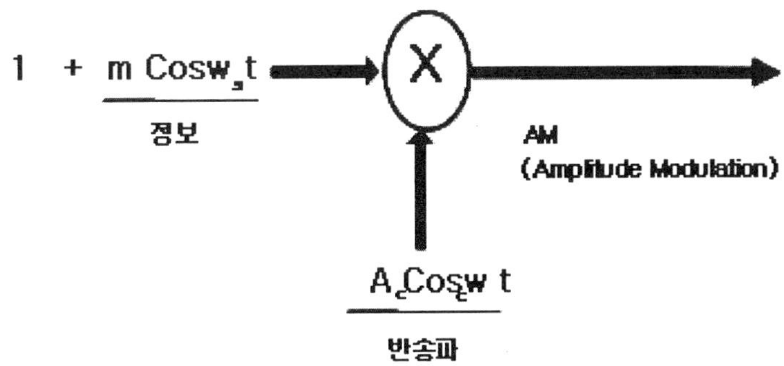

[그림 5-2] AM의 제2 처리도

5.2 AM의 주파수 분석

시간적으로 표현되는 신호를 주파수 영역에서 보기 위해서는 퓨리어 변환 등을 통해 관찰할 수 있다. 특별히 코사인을 비롯한 사인파 함수 등을 퓨리어 변환하여 주파수 영역에서 관찰하면 임펄스 형태를 중심으로 양 쪽에 산과 같은 모양으로 주파수 모양을 볼 수 있다.

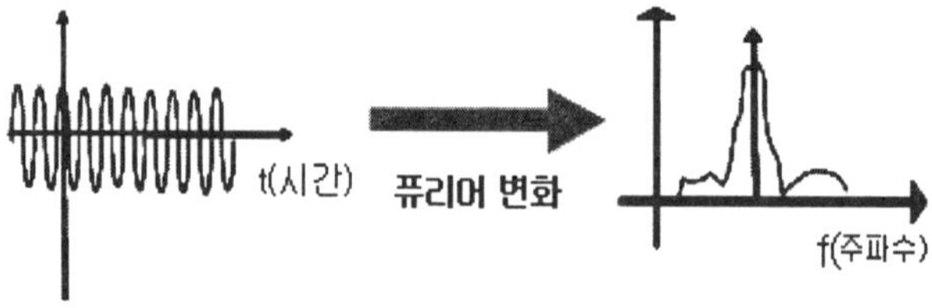

[그림 5-3] 사인파의 퓨리어 변화

AM 수신인 (식 5-1) 은 다음 식과 같이 변형 할 수 있다.

$$A_c(1+mcos(w_s t))\cos(\cos(w_s t)) \qquad \text{(식 5-2)}$$
$$= A_c\cos(w_c t) + \frac{A_c m}{2}cos(w_s t + w_c t) + \frac{A_c m}{2}cos(w_s t - w_c t)$$

(식 5-2)는 3개의 코사인파의 혼합으로 표현되는데, 이를 퓨리어 변환하면, 다음 대칭되는 3개의 산 모양으로 관찰 된다.

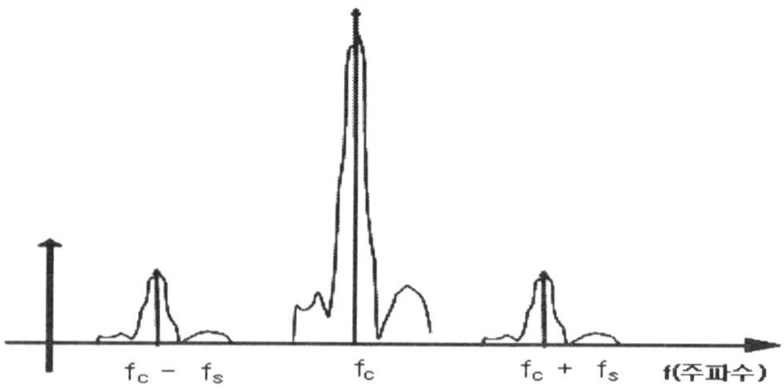

[그림 5-4] AM의 주파수 영역 관찰

5.3 AM의 시간 영역 분석

AM 파의 시간적인 형태는 다음 그림과 같다.

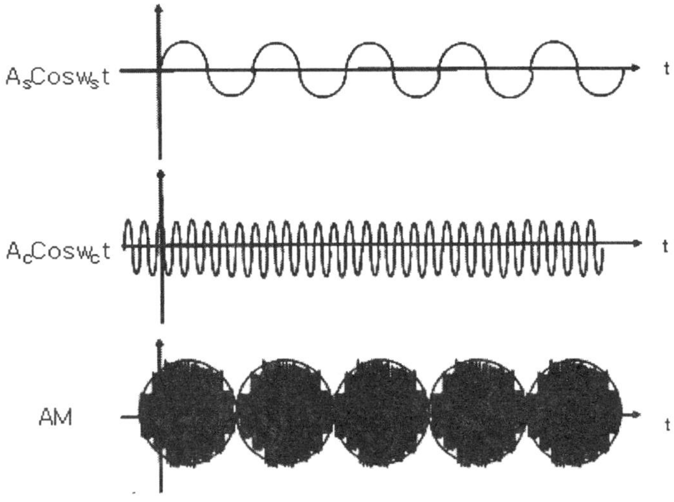

[그림 5-5] AM의 시간 영역 관찰

AM 시간 영역 관찰을 통해서 AM의 변조 정도를 측정할 수 있다. 변조율 m이 1일 때를 변조 효율이 좋다고 하며, m이 1보다 작을 때를 변조 정도가 부족한 것으로 측정하며, m이 1 보다 클 경우에는 과하게 변조 된 것이다. 이것은 AM 파형 관찰을 통해서 판단이 가능한데 그 파형 기준은 다음 그림과 같다.

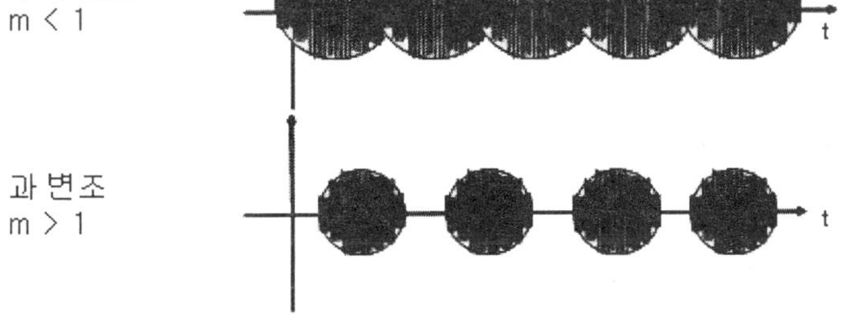

[그림 5-6] AM의 파형 관찰을 통한 변조 정도 판단

5.4 AM 송신기 실습

① 다음 (실습 1) 회로를 연결한다.

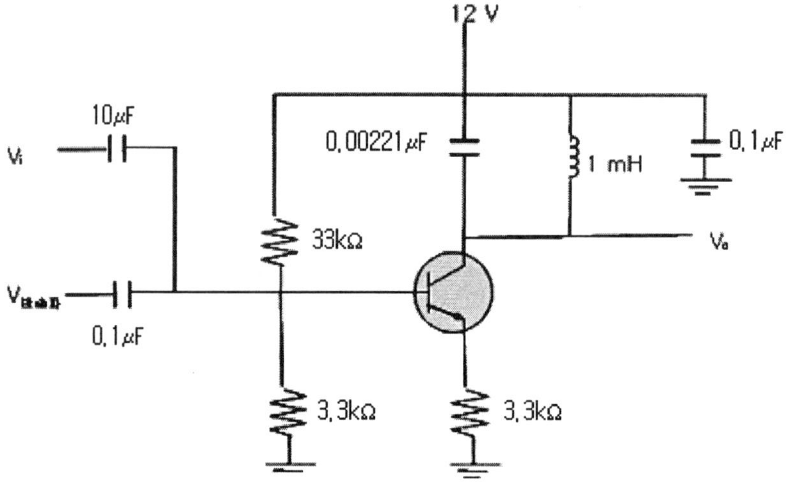

[그림 5-7] 실 습 1

② (실습 1)의 회로에서 입력을 1kHz로 하고, 반송파를 100kHz~1MHz의 범위에서 변동하면서 출력 AM 파형을 관찰하라.

③ 변조율이 100% 되도록 입력 신호 크기를 조절하면서 출력 파형을 관찰하라.

④ 과 변조 되도록 입력 신호 크기를 조절하면서 출력 파형을 관찰하라

⑤ 부족 변조 되도록 입력 신호 크기를 조절하면서 출력 파형을 관찰하라

제6장

검 파 기

6.1 진폭 변조 정의

송신 단에서 전송하는 변조 파형은 수신단에 안테나 등 을 통해 감지할 수 있는데, 수신 단에서는 원하는 파형을 감지하고 이를 원 신호로 복구하는 과정이 필요하다. 특별히 AM 검파기는 이미 알고 있는 반송파를 수신된 신호와 혼합하여 신간열의 동기 정보를 가지고 검파하는 동기 검파와 수신 신호의 진폭 형태를 따라 검파하는 포락선 검파 등이 있다

(1) 동기 검파

송신기에서 보낸 AM 신호를 수신 단에서 이미 알고 있는 반송파 신호를 동기 검파하기 위해서 곱셈 회로를 통한다. 만약 송신단에서 보낸 신호가 $\cos(w_s t)\cos(w_c t)$ 라면, 수신단에서는 이를 수신하여 $\cos(w_c t)$를 곱하는 복조 시스템을 구성한다. 그 분석은 다음 수식과 같다.

$$
\begin{aligned}
& A_s\cos(w_s t)\cos(w_c t) \cdot \cos(w_c t) \\
&= A_s\cos(w_s t)\cos^2(w_c t) \\
&= \frac{1}{2}A_s\cos(w_s t)(1+\cos(2w_c t)) \\
&= \frac{1}{2}A_s\cos(w_s t)(1+\cos(2w_c t)) \\
&= \frac{1}{2}A_s\cos(w_s t)+\frac{1}{2}cos((2w_c+w_s)t)+\frac{1}{2}cos((2w_c-w_s)t)+\ldots\ldots
\end{aligned}
\qquad \text{(수식 6-1)}
$$

위 결과 식을 관찰해 보면 w_s와 기본 고조파인 w_c의 배를 취해 가는 파형들의 혼합 신호인 것을 알 수 있다. 이 식은 다음 그림과 같이 주파수 영역에서 주파수 열에 따라 순서적으로 배치된다.

아래의 검파 결과에서 정보 주파수인 f_s 만을 얻기 위해서는 f_s보다는 크고 f_c-f_s 보다는 적은 차단 주파수를 갖는 저역 통과 필터를 구성하여 동기 검파를 완성 할 수 있다. 결국 w_s보다 w_c가 훨씬 크기 때문에 고주파 성분을 제거하는 복조 시스템을 통하여 $\cos(w_s t)$를 얻을 수 있다.

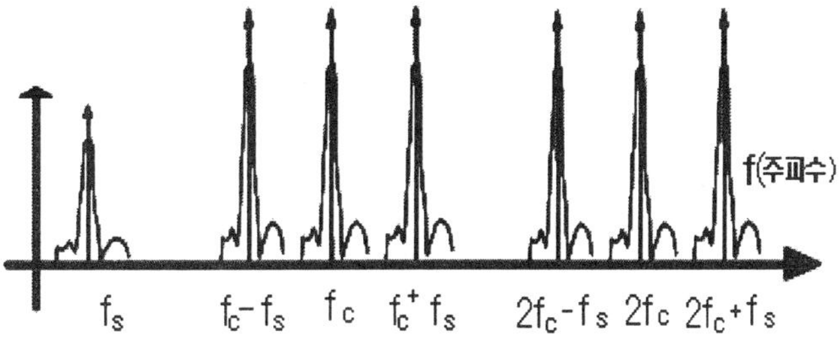

[그림 6-1] 동기 검파 신호의 주파수 영역

6.2 포락선 검파

송신단의 AM 신호를 복조 할 때 수신 신호의 전체 포락 형태를 추출하여 원정보의 진포 형태를 추적하는 방식을 포락선 검파라고 한다. 이를 위해서는 고주파를 제거하며 동시에 DC 성분 등을 모두 제거하여 원 정보의 포락 형태를 얻어야 하는데 이를 위한 일반 포락선 검파 회로는 다음과 같다.

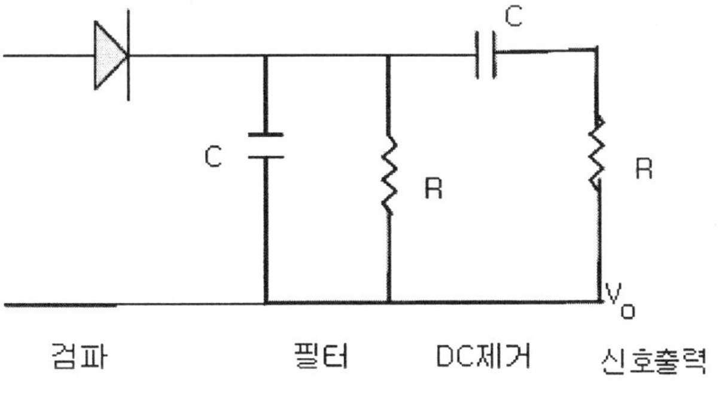

[그림 6-2] 포락선 검파 회로

이 회로에서 포락선 검파를 위해서 다음과 같은 회로 단계를 거치는 것을 알 수 있다.

• 검파 단계 → 필터링 → DC 제거기 → 신호 출력

다음 그림은 같이 AM 수신 신호를 포락선 검파한 결과의 그림이다.

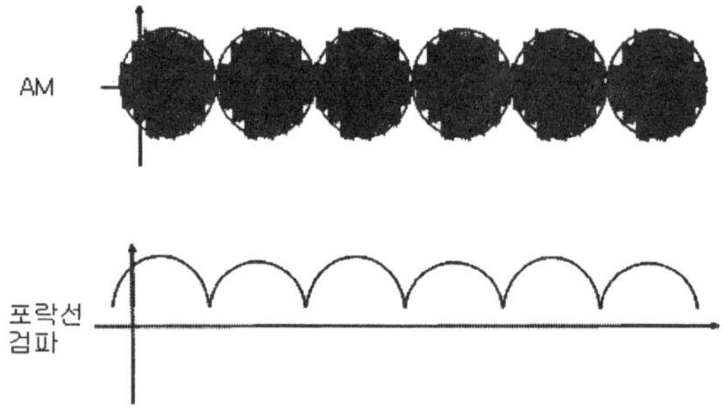

[그림 6-3] 포락선 검파

6.3 포락선 검파 실습

① 다음 (실습 1) 회로를 연결한다.

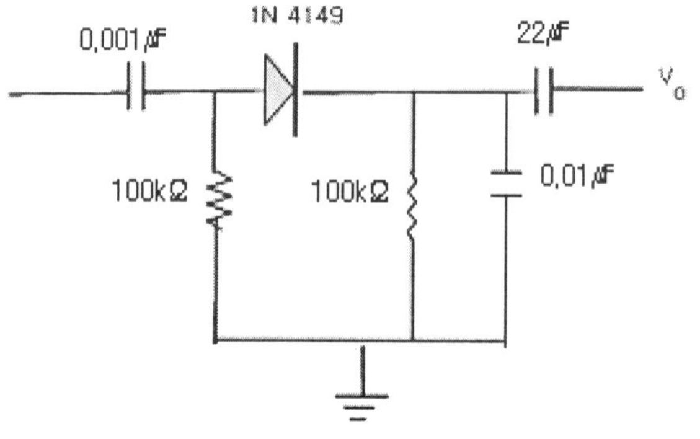

[그림 6-4] 실 습 1

② (실습 1)의 회로에서 입력을 1KHz 로 하고, 반송파를 100 KHz~1MHz의 범위에서 변동하면서 출력 파형을 관찰하라.

③ 5장의 (실습 1) AM 회로를 꾸민 후, 본 장의 (실습 1) AM 회로와 연결한다.

④ 변조율이 100% 되도록 입력 신호 크기를 조절하면서 검파기의 출력 파형을 관찰하라.

⑤ 과 변조 되도록 입력 신호 크기를 조절하면서 검파기의 출력 파형을 관찰하라

⑥ 부족 변조 되도록 입력 신호 크기를 조절하면서 검파기의 출력 파형을 관찰하라

제 7 장
레벨 검출기

7.1 레벨 검출기의 정의

레벨 검출기(Level Detector)는 수신 단 측에 장착되는 것으로 송신 단 측에서 보낸 신호는 전송로를 통과하면서, 노이즈, 페이딩 등에 의하여 왜곡되는데 이를 보상하는 방법중 전송 신호의 신호 파형 특성을 이용하여 시간적 동기를 회복함으로써 원 신호의 타이밍및 신호를 얻을 수 있다. 특히 2진 표현으로 되는 신호를 얻는데 적합한 방법이다.

레벨 검출기의 구조는 일반적으로 다음과 같이 구성된다.

비교기 → 미분 회로 → 반전 증폭기 → 미분 회로

이 각 구성에 따라 삼각파 입력일 경우 파형을 관찰하면, 다음과 같다.

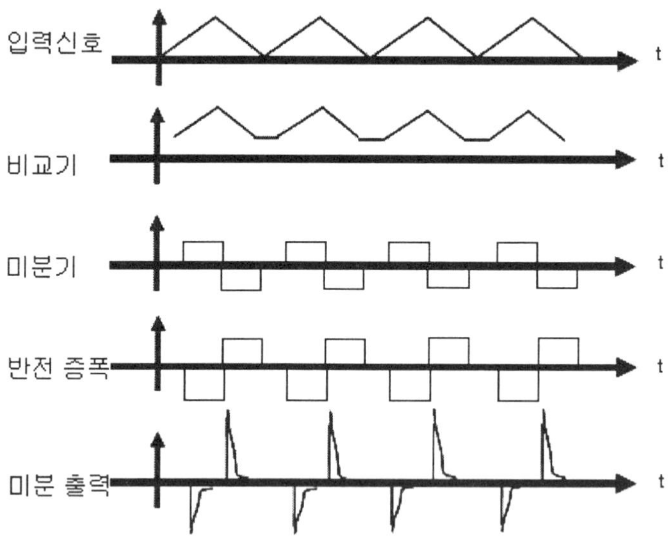

[그림 7-1] 레벨 검출기 각 구성의 신호 분석

위 그림처럼 비교기에서는 임의의 잦은 레벨을 걸러내게 하며, 미분기 등을 통하여 원 송신 신호의 경계를 분명히 한다 또한, 반전 증폭기를 통하여 원 신호를 크게 강조함으로써 신호 레벨을 키운 다음 최후 미분기를 통하여 입력 파형의 순간 시작 시간을 Catch 하고 이후 최대 값의 시간 지점을 Catch 함에 따라 원 신호가 잡음 및 페이딩 현상으로 왜곡되어 있을지라도 검출기를 통하여 원 신호를 수신 할 수 있다.

7.1 레벨 검출기 실습

① 다음 (실습 1) 회로를 연결한다.

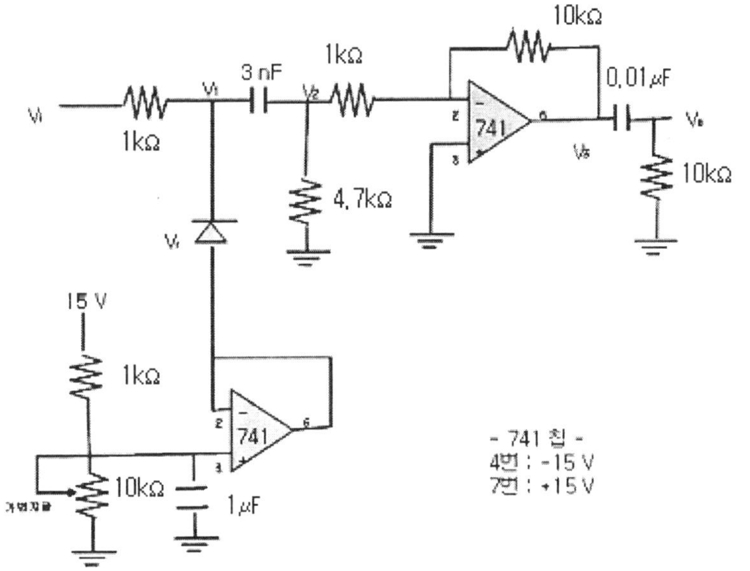

[그림 7-2] 실 습 1

② 입력신호를 1kHz의 사인파로 한 후, V_1, V_2, V_3 를 측정하고 파형을 그려라.

③ 단계 ②에서 V_0 의 파형을 그리고, 그림을 설명하라.

④ 입력신호를 1kHz의 삼각파로 한 후, V_1, V_2, V_3 를 측정하고 파형을 그려라.

⑤ 단계 ④에서 V_0 의 파형을 그리고, 그림을 설명하라.

제 8 장
믹 서

8.1 믹서 정의

8.2 믹서의 수신 시스템 적용

8.3 믹서 회로 실습

8.1 믹서 정의

믹서(Mixer)는 두 입력 신호를 수학적으로 곱하기하는 전자 회로를 의미한다. 이 회로는 수신기에서 수신받은 신호를 낮추기 위한 국부 발진기에 활용되는 회로이다. 즉, 수신기로 입력되는 f_c 주파수를 수신한 후 이를 국부 발진기의 발진 주파수인 f_o의 신호를 믹서 회로를 통하여 혼합하면, 상향주파수 : $f_c + f_o$, 하향주파수 : $f_c - f_o$를 얻을 수 있다. 결국 두 입력 신호의 주파수 천이를 얻을 수 있는데, 그 관계식은 다음과 같다.

$$Mixer\text{출력}: A_o e^{jw_c t} e^{jw_o t} \qquad \text{(식 8-1)}$$
$$= \frac{A_o}{2} e^{jw_c t + jw_o t} + \frac{A_o}{2} e^{jw_c t - jw_o t}$$
$$\text{(단, 정보}: e^{jw_c t}\text{, 국부발진기의신호}: e^{jw_o t}\text{)}$$

상향 및 하향 각속도에서 아래와 같이 상향 및 하향 주파수를 추정할 수 있다. 즉, 상향 각속도는 $w_c + w_o$이며, 하향각속도는 $w_c - w_o$이다. 또한 상향 주파수는 $f_c + f_o$이고, 하향주파수는 $f_c - f_o$이다. 단, $w_c + w_o = 2\pi(f_c + f_o)$ 이며, $w_c - w_o = 2\pi(f_c - f_o)$ 이다. 다음 그림은 믹서의 개념도 이다.

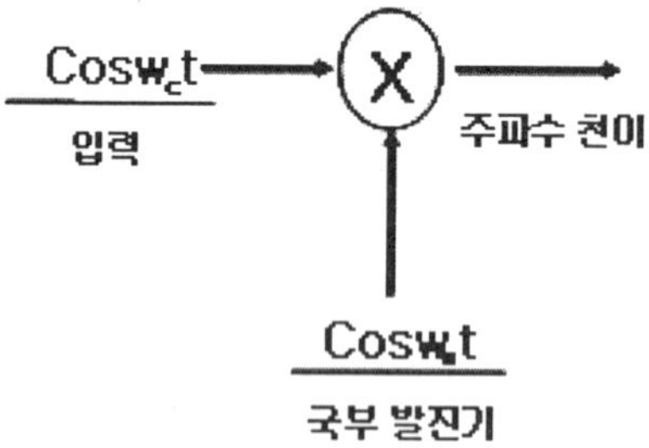

[그림 8-1] 믹서기의 개념도

위 그림 및 식에서처럼 입력과 국부발진기의 곱에 따라 주파수 천이를 통해 상향, 하향 변환 주파수를 얻게 된다. 이 주파수 천이된 상향 및 하향 주파수는 주파수 영역에서 관찰하면, 다음 그림과 같다.

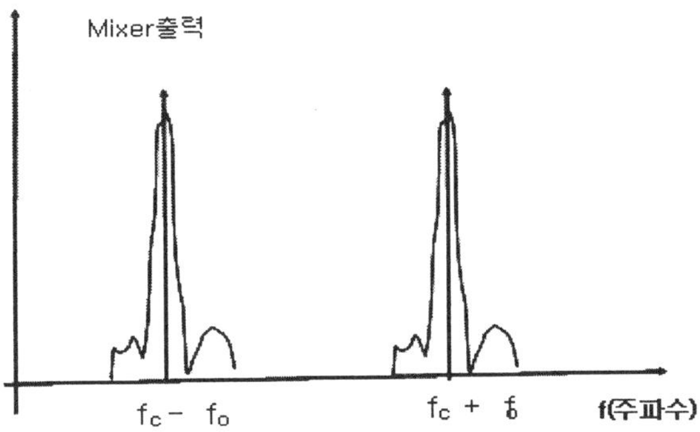

[그림 8-2]) 믹서 출력의 주파수 영역

8.2 믹서의 수신 시스템 적용

수퍼헤테로다인 등 국부 발진기를 이용하는 수신 시스템에서는 믹서를 통하여 얻은 상향주파수 : $f_c + f_o$와 하향주파수 : $f_c - f_o$를 여파기에 통과 시켜 하향주파수: $f_c - f_o$ 만을 얻는데. 다음 그림은 믹서, 국부 발진기, 여파기 등을 활용한 수신 시스템 이다.

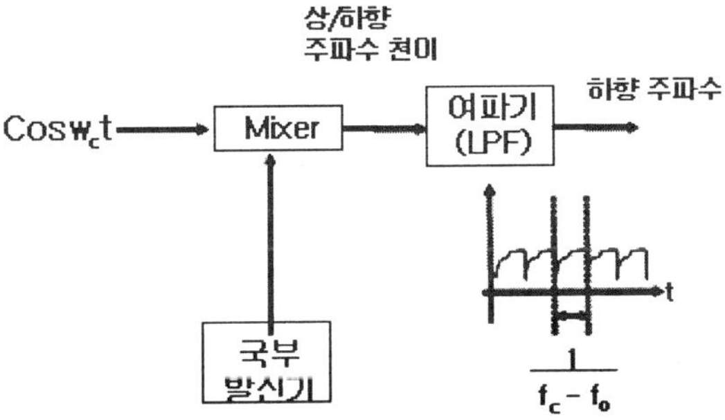

[그림 8-3] 믹서를 활용한 수신기 시스템

이 때 저역 통과 필터(LPF)는 하향 주파수인 $f_c - f_o$만을 추출 하도록 설계한다. 다음 그림은 믹서기 출력 이후의 저역 통과 필터이다.

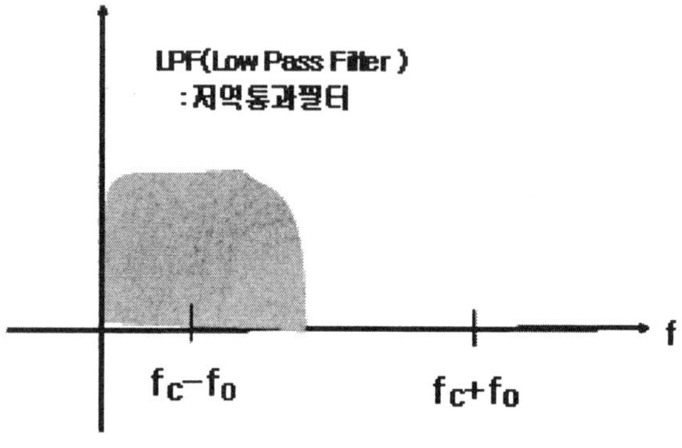

[그림 8-4] 믹서 출력 단에 적용되는 LPF

믹서 출력을 통해 얻은 상향주파수 : $f_c + f_o$와 하향주파수 : $f_c - f_o$ 중에서 하향 주파수만을 얻는 것은 과정은 다음 그림과 같다.

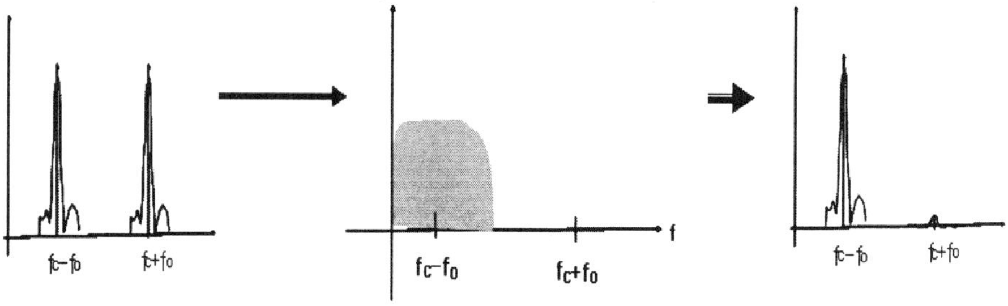

[그림 8-5] 믹서의 하향 주파수를 얻는 과정

8.3 믹서 회로 실습

① 다음 (실습 1) 회로를 연결한다.

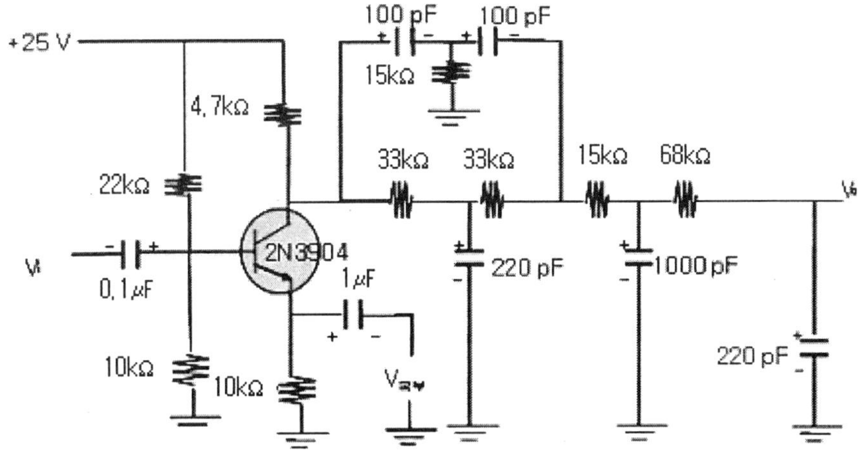

[그림 8-6] 실 습 1

② 입력 5kHz, 국부 신호 50kHz 한 후, 파형 관찰하라.

③ 단계 ②에서 V_0의 파형의 주파수를 측정하라

④ 입력 51kHz, 국부 신호 50kHz 한 후, 파형 관찰하라.

⑤ 단계 ④에서 V_0의 파형의 주파수를 측정하라

제9장

FSK

9.1 컴퓨터/전화망 모뎀

컴퓨터와 같은 디지털을 기반으로 하는 시스템을 전화선에 연결하여 통신하기위해서는 디지털 정보를 아날로그 파형과 각각을 Matching하여 전송하여야 한다. 이러한 변조 방식들은 대표적으로 ASK(Amplitude Shift Keying), PSK (Phase Shift Keying), FSK(Frequency Shift Keying) 등이 있다. 다음 그림은 컴퓨터의 디지털 정보를 전화선과 같은 아날로그 전송 매체에 싣는 모뎀의 예로 ASK, PSK, FSK의 변조 방식을 보여주고 있다.

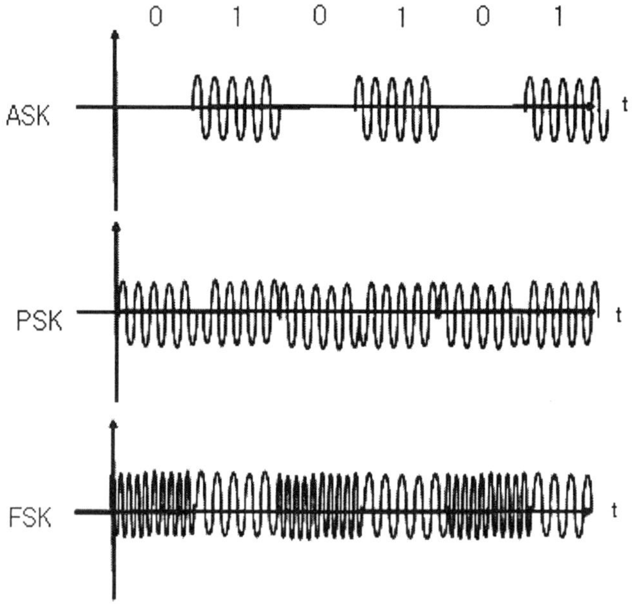

[그림 9-1] ASK, PSK, FSK 변조 방식

위 그림에서 볼 수 있듯이 ASK인 경우는 디지털의 "1", "0" 을 아날로그 신호의 진폭으로 표현해 변조 전송하며, PSK는 서로 다른 두 위상차로써 표현한다. 또한, FSK는 두개의 주파수를 활용하여, "1", "0"의 각각을 표현하여 전송하는 방식을 취한다.

9.2 컴퓨터/전화망 모뎀

FSK 방식은 위 절에서 설명하였듯이 "1", "0"의 2개의 디지털 신호를 표현할 경우, 각각에 대해 다른 주파수를 활용하여 타이밍 정보를 유지하면서 전송하는 방식으로 이 경우에는 2진 FSK가 된다. 다음 그림은 2진 FSK를 만드는 개념도 이다.

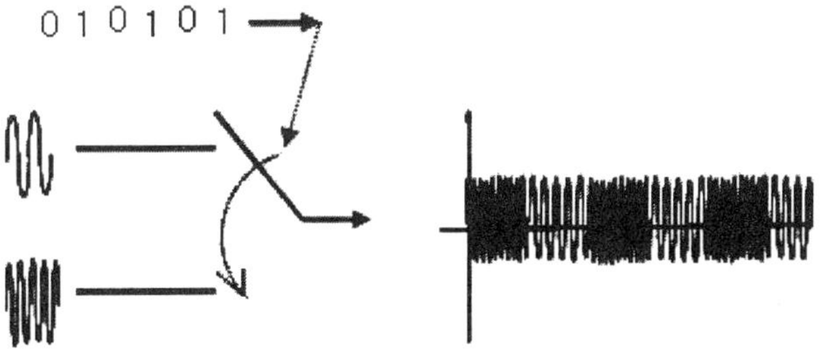

[그림 9-2] FSK 변조 구현 모식도

위의 방법을 통하여 2 진 FSK 신호는 다음과 같이 얻을 수 있다

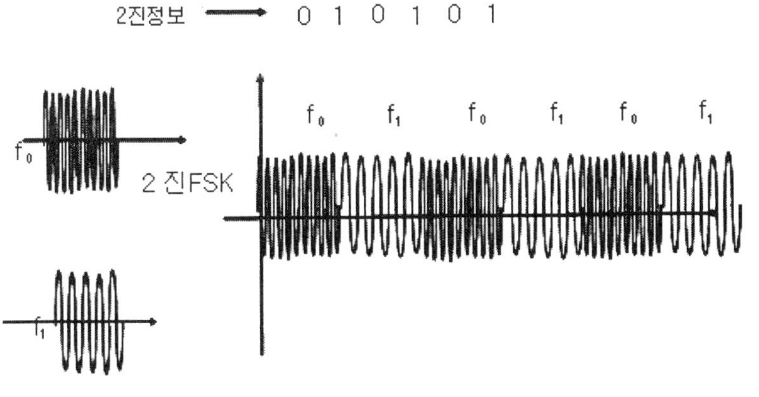

[그림 9-3] 2진 FSK

9.3 컴퓨터/전화망 모뎀

① 다음 (실습 1) 회로를 연결한다.

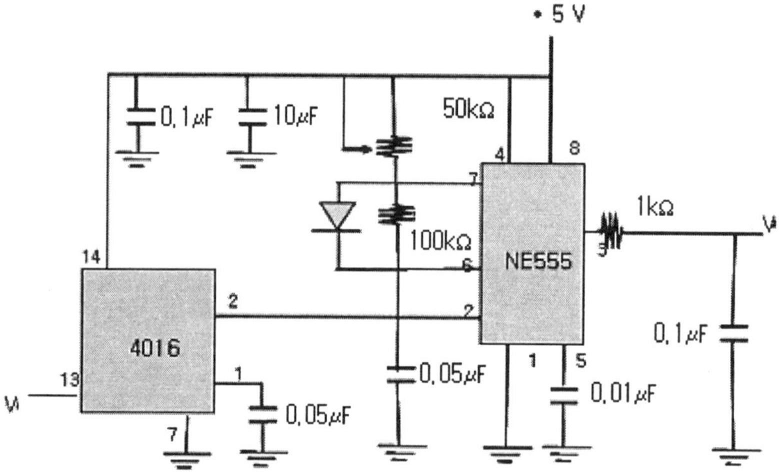

[그림 9-4] 실 습 1

② 입력 100 Hz 로 한 후, 오실로 스코프로 출력의 파형을 관찰한다.

③ 오실로 스코프는 몇 Time/Div에서 파형을 측정해야 하는가?

제 10 장
P A M

10.1 PM

PM(Pulse Modulation) 변조 방식은 아날로그 신호를 펄스파로 변조하여 전송하는 방식으로 PAM(Pulse Amplitude Modulation), PWM(Pulse Width Modulation), PPM(Pulse Position Modulation), PCM(Pulse Code Modulation) 등이 있다. PAM은 아날로그 신호의 크기 변환을 각기 다른 진폭을 갖는 펄스로써 전송하는 방식이고, PWM은 아날로그 신호의 크기 변환을 각기 다른 시간적 폭을 갖는 펄스로써 전송하는 방식이다. 또한, PPM은 아날로그 신호의 크기 변환을 각기 다른 시간적 위치의 펄스로써 전송하는 방식이다. 다음 그림은 PAM, PWM 및 PPM을 보여준다.

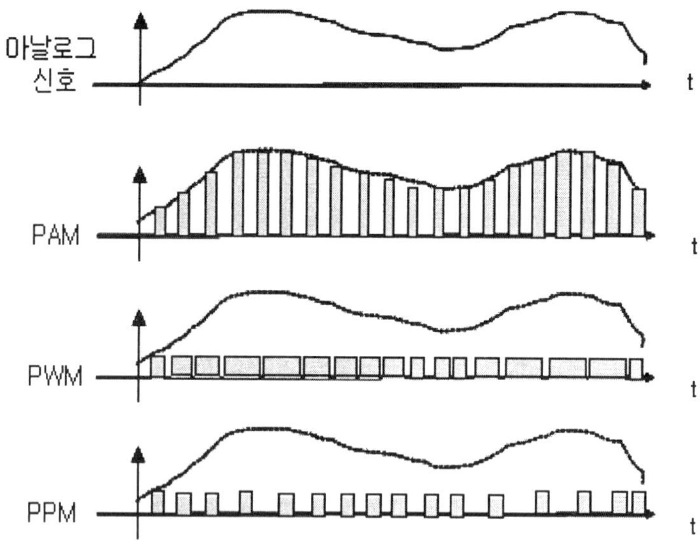

[그림 10-1] 펄스 변조

10. 2 PCM

PCM(Pulse Code Modulation)은 펄스 변조 방식의 한가지로써 아날로그 신호를 디지털 부호로 바꾸는 변조 방식이다. 특히, 음성 등의 아날로그 정보를 부호화 할 때 널리 사용되는 방식이다. PCM 변조 방식은 표본화(Sampling), 양자화(Quantization), 부호화(Coding) 등 크게 3가지 단계를 거친다. 표본화는 아날로그 정보를 임의의 시간 간격으로 표본을 취하는 것을 위미하며, 양자화는 표본을 취한 것을 양(값)으로 표현하는 것을 의미한다.

또한, 부호화는 이 값을 "1", "0" 형태의 부호로써 코딩하는 단계를 의미한다. 다음 그림은 표본화, 양자화, 부호화 단계를 갖는 PCM을 과정을 의미한다.

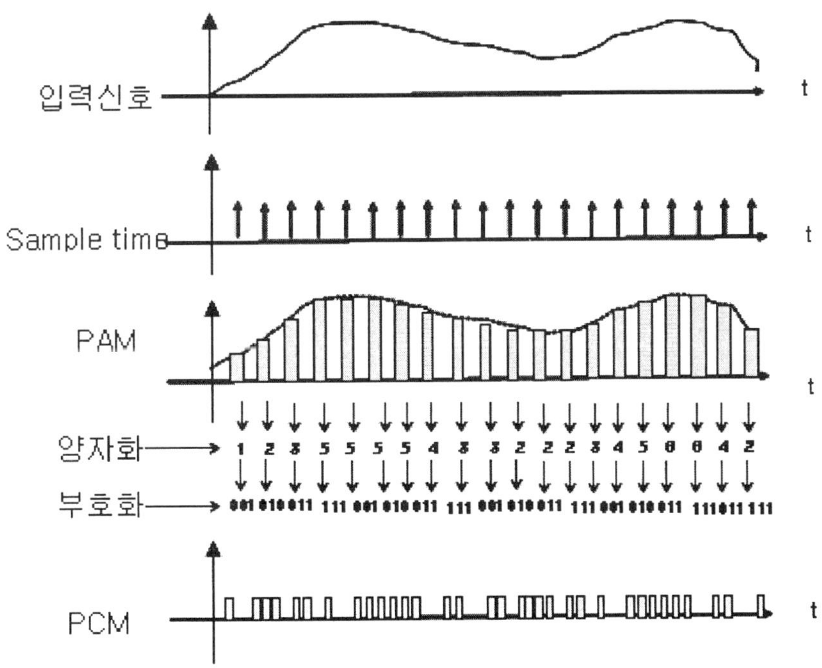

[그림 10-2] PCM 변조

10.3 PAM

PAM(Pulse Amplitude Modulation)은 아날로그 입력신호의 진폭 정보를 펄스의 크기에 매칭시켜 전송하는 변조 방식은 PCM의 표본화 과정과 같다. 다음 그림은 PAM을 구현하는 개념도 이다.

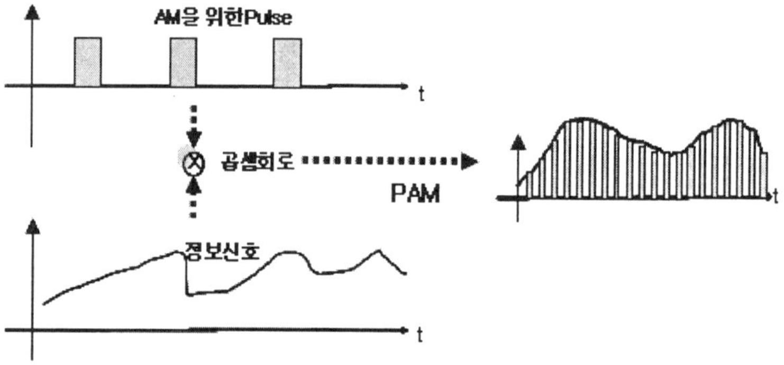

[그림 10-3] PAM 구현

10.4 Nyquist Rate

나이퀴스트 레이트(Nyquist Rate)란 PCM에서 표본화를 취할 때 아날로그 정보 신호를 왜곡되지 않는 상태를 유지하면서 최소 시간당 취할 수 있는 표본 개수를 의미한다. 예를 들어 사인파일 경우 한 주기 당 원 신호는 "+" 값과 "-" 값이 두개 있기 때문에 최고 2 개 이상의 샘플을 취하여야 한다. 다음 그림은 사인파에서 최소 2개의 샘플을 취해야 하는 의미를 보여주는 그림이다.

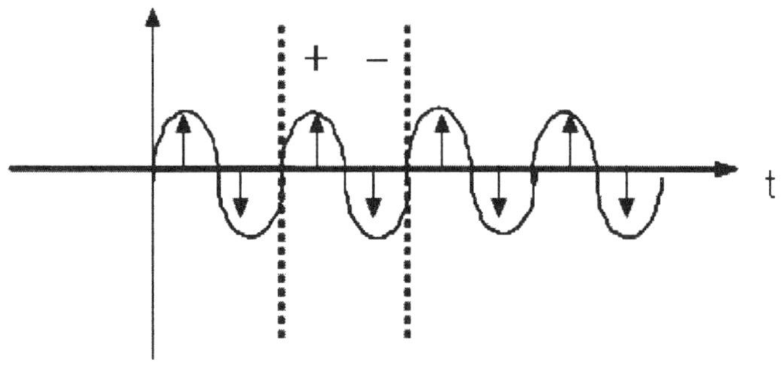

[그림 10-4] 사인파에서의 표본

결국 나이퀴스 레이트는 원 정보의 주파수를 f라고 할 때, 샘플링 펄스의 주파수를 f_s라 항 때 다음 식처럼 원 주파수의 2 배 이상을 샘플링 주파수로 설정하는 것을 위미한다.

$$f_s \geq 2f = 2\frac{1}{T} \qquad \text{(식 10-1)}$$

다음 그림은 샘프링 주기에 의해 PAM의 펄스 간 시간 구간이 결정됨을 의미 한다.

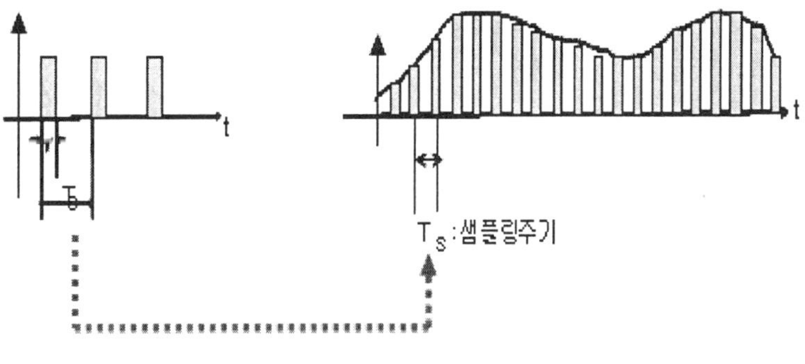

[그림 10-5] 샘플링 주기와 PAM과의 관계

10. 5 PAM 실습

① 다음 (실습 1) 회로를 연결한다.

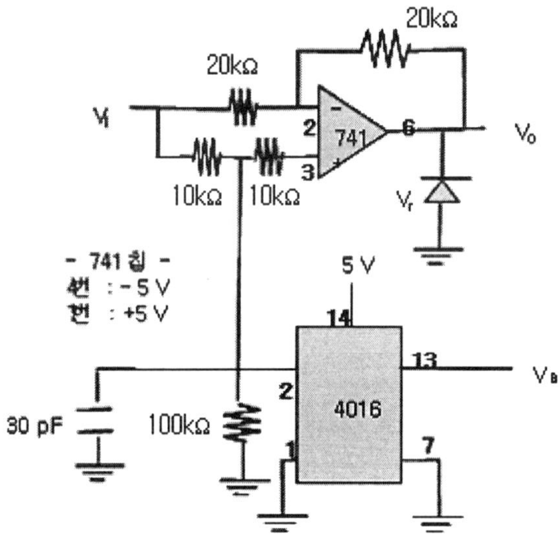

[그림 10-6] 실 습 1

② 입력 신호를 사인파로 20~40Hz 한 후, 샘플링 신호 V_s를 200Hz로 맞추어 V_0의 파형을 관찰하여라.

③ 샘플링 신호 V_s를 200Hz이하에서의 파형과 200~500Hz로 변형한 V_0의 파형을 그리고, Nyquist Rate와 관계하여 설명하라.

제 11 장

VCO, PLL

11.1 VCO의 정의

VCO(Voltage Controlled Oscillator)는 입력되는 주파수 조절 전압에 비례하여 출력 주파수를 조정할 수 있는 구조로써 PLL, 스펙트럼 분석기, FM 스테레오 수신기 등에 활용되어 전압 조절을 통해 시간 주기 즉 주파수 및 위상 등을 조절할 수 있게 한다. 다음 그림은 VCO의 개념도로써 입력 전압 크기를 조절함으로써 주파수 정도를 제어하는 개념을 의미한다.

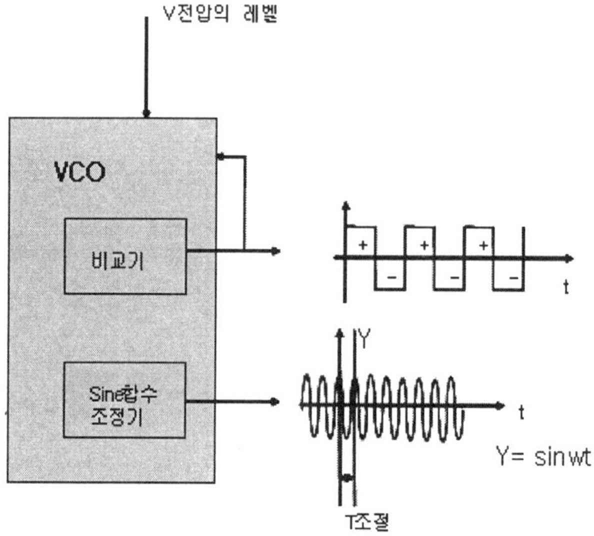

[그림 11-1] VCO 개념도

11.2 PLL의 정의

PLL(Phase Locked Loop)은 수신 단에 장착되어 수신되는 신호의 주파수와 위상을 추적하는 회로로써 곱셈기(Multiplier), 선형여파기(Linear Filter)/증폭기(Amplifier) 및 전압제어발진기(Voltage Controlled Oscillator)로 이루어졌다. 다음 그림은 PLL의 구성을 보여준다.

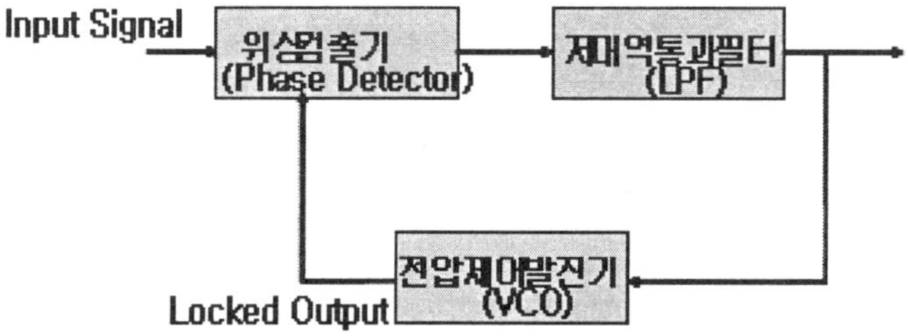

[그림 11-2] PLL 구성도

VCO는 출력 값을 통하여 입력의 위상을 추적 및 안정된 상태로 제어하기 위해 위상 검출기에서 수신 위상을 추적 한 후 안정된 상태로 LPF 입력 방향으로 출력한다. 이것을 위하여 VCO를 통해 출력 전압을 조절하여 위상(Phase)이 위상 검출기에 보내어 위상을 고정(Lock)하는 순서로 처리된다. 이 때, VCO 출력 위상과 수신 입력 신호의 위상은 시스템이 안정 될 수록 다음 그림과 같이 그 차가 0에 가까워진다.

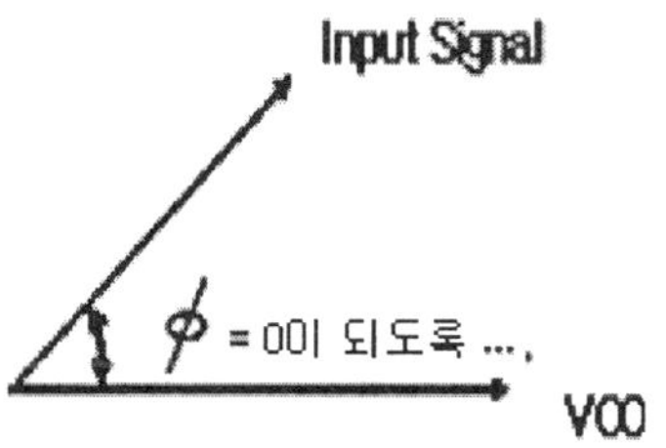

[그림 11-3] 위상 안정도

11.3 LM565 Chip

LM565 Chip Set은 PLL 및 VCO, FM 등의 통신 기능을 모두 포함하고 있는 Chip Set이다. 이 칩에서 전체 순신 신호의 입력인 위상 검출기의 입력은 2개의 핀으로 구성되어 있는데 한 개의 핀만을 사용하면 된다. 또한 PLL과 VCO 모두를 개별적으로 사용할 수 있도록 되어 있기 때문에 VCO의 출력을 위상 검출기에 연결함으로써 PLL 동작을 할 수 있게 되어 있다. 또한 FM 신호의 출력 신호를 관찰할 수 있는 핀이 있다. 다음 그림은 LM565 칩셋의 핀 정보 및 내부 구성도 이다.

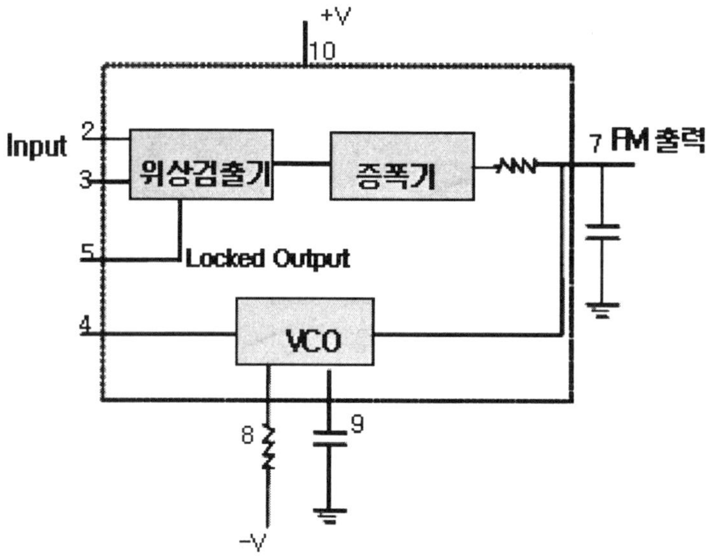

[그림 11-4] LM565 칩셋 구성도

11.4 FM

FM(Frequency Modulation)은 라디오 방송 통신 등에 주로 사용하는 기술로써 반송파의 주파수에 정보를 실어 전송하는 방식이다. 만약, 반송파를 $A_c\cos(w_ct+\theta)$라고 하였을 때, 정보를 FM 변조한 신호는 $A_c\cos(w_ct+\int 정보 dt)$로써 표현된다. 이 때, FM은 $\int 정보 dt$ 을 통해서 반송파의 위상 및 주파수에 변화를 주어 전송하게 된다.

또, 식 $\int 정보 dt$ 를 $\Delta w\int \cos pt\,dt$ 라고 한다면, $\Delta w\int \cos pt\,dt = \frac{\Delta w}{p}\sin pt$ 로써 표현될 수 있는데, Δw는 FM변조의 변조 정도를 결정하는 주파수 편조 지수를 결정할 수 있는 파라미터이다. 이 때, 주파수 편조 지수 m_f는 다음 식과 같다.

$$m_f = \frac{\Delta w}{p} = \frac{2\pi f_c}{2\pi f_s} = \frac{f_c}{f_s} \qquad (식\ 11\text{-}1)$$

11.5 PLL, VCO, FM 실습

① 다음 (실습 1) 회로를 연결한다.

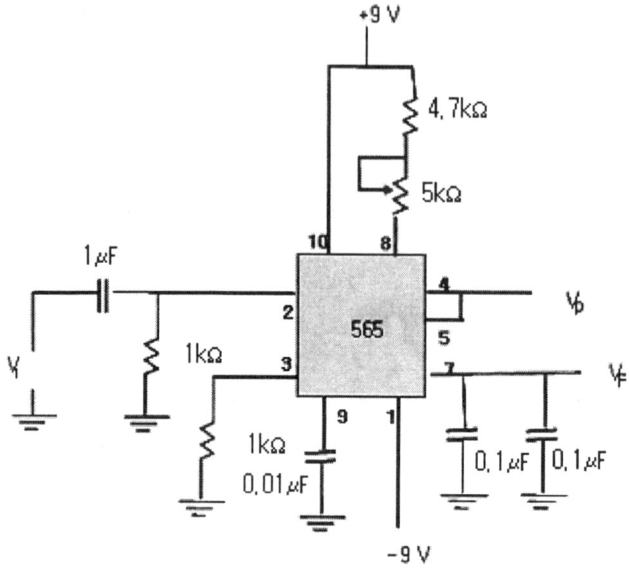

[그림 11-5] 실 습 1

② 입력 신호를 사인파로 300~500Hz 한 후, 입력 V_i와 V_p의 파형을 비교하여 관찰하라.

③ 입력 V_i와 V_p의 파형을 보고 위상관계를 VCO 및 PLL과 연관해 설명하여라.

④ V_f를 관찰하라.

제 12 장
Tiny OS

12.1 Tiny OS의 정의
12.2 Tiny OS의 다운로드 사이트 및 목록 구조
12.3 Tiny OS의 셋업 실습

12.1 Tiny OS의 정의

Tiny OS(Operating System)는 UC Berkely 대학에서 만들어낸 운영 체제로써 특별히 센서 네트워크를 제어할 수 있도록 NesC 컴파일러를 포함하고 있어, 무선 센서 네트워크에 널리 활용된다. 다음은 Tiny OS의 특성이다.

- 전력 절약 제어 가능
- 적은 메모리 활용
- 저 성능의 CPU 활용 가능 등 최소의 H/W에 탑제
- Class 형태의 컴포넌트를 사용하는 NesC 언어로 개발됨
- 커널이나 동적 메모리 관리 없는 이미지로 H/W 제어함.
- 무선 센서 네트워크 전용 운영체제

다음 그림은 Tiny OS로써 컴포넌트들을 활용하여 만들어진 main() 모듈이 센서 및 무선 네트워크 H/W 를 제어하는 하이라키 구조를 의미한다.

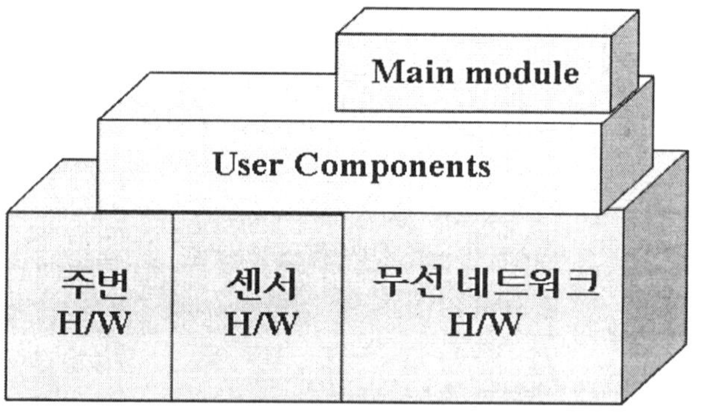

[그림 12-1] Tiny OS 활용 하이라키 구조

실제 위 그림에서 User Component 및 Main 모듈은 NesC를 이용하여 프로그램 코딩함으로써 센서 및 무선 네트워크를 제어 동작할 수 있게 한다.

12.2 Tiny OS의 다운로드 사이트 및 목록 구조

(주)한백전자가 개발한 Ubicoin 모듈은 무선 센서 네트워크 및 조도 센서가 가능한 소형 무선 센서 모듈이다.

[그림 12-2] Ubicoin

Ubicoin의 구조는 다음과 같다.

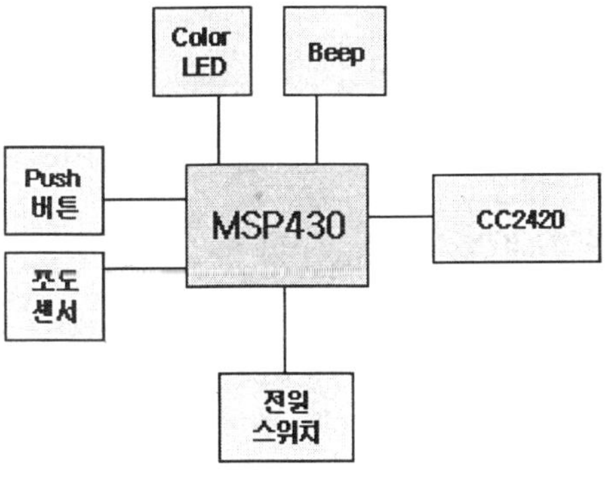

[그림 12-3] Ubicoin

CD에서 유비쿼터스 센서 네트워크 항목에서 Ubi-MSP/Ubicoin 설치 및 다운로드 파일을 다운로드 한다 이 설치 프로그램 목록 및 구조는 다음과 같다.

(1) TinyOS

설치목록	내용
TinyOS Tools	TinyOS(확인요망)
NesC	TinyOS의 컴포넌트 기반의 구조적인 개념들과 실행 모델 구현을 위한 C 언어 확장 프로그래밍 언어
Cygwin	윈도우 기반 리눅스 환경

(2) Support Tools

설치 목록	내용
Java 1.4 JDK	호스트 PC에서 JAVA를 이용한 시리얼통신 기능 제공
Java COMM2.0	
Graphviz	‘make docs'에 의해 만들어지는 파일을 보여주는 기능 제공

(3) AVRTools

설치목록	내용
avr-binutils	어셈블러, 로더, 링커, 기타 바이너리 파일 모음
avr-libc	크로스 컴파일 구축을 위한 라이브러리
avr-gcc	크로스컴파일용 컴파일러
avi-insight	GDB를 위한 사용자 인터페이스 패키지

12.3 Tiny OS 셋업 실습

① 12.2장의 다운로드 S/W를 이용한 개발환경 설치

실습에 들어가기 앞서, 먼저 개발을 돕기 위한 기본 프로그램 및 여러 응용 프로그램을 설치 CD를 이용하여 사용자 PC에 설치하도록 한다. 일반적으로 센서 노드를 위해 사용되는 운영체제인 TinyOS는 리눅스 환경에서 동작한다. 하지만 사용자의 편리를 위해하여, 윈도우상에서 리눅스 플랫폼을 에뮬레이션 할 수 있는 Cygwin 프로그램을 통해 TinyOS를 동작시키도록 하겠다.

• Cygwin이란

Cygwin이란 현재 Redhat에서 지속적으로 버전업을 하고 있는 Microsoft Windows용 Unix 환경이다. 이 프로그램을 이용하면 Unix용 응용 프로그램이나 개발도구를 Windows상에서도 그대로 사용할 수 있어서 윈도우 프로그램에 익숙한 사용자들에게 보다 편리한 개발환경을 제공한다. 패키지에 들어있는 시디를 넣으면 자동실행 옵션으로 바로 설치가 시작된다. 만약 설치가 자동으로 되지 않을 경우에는 시디에 있는 setup.exe를 실행한다.

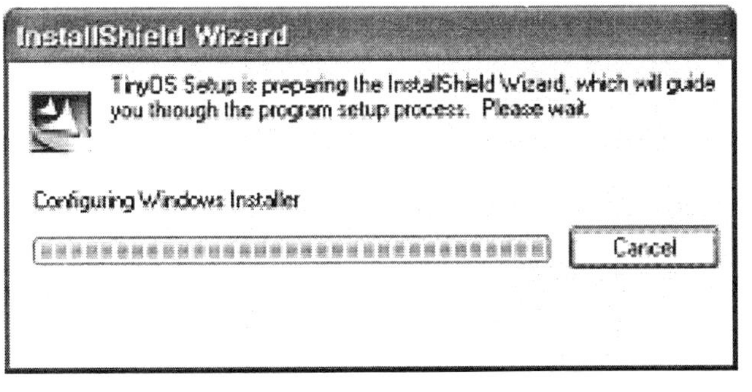

[그림 12-4] setup.exe의 실행

setup.exe의 실행 화면은 그림 3-1과 같다. 인스톨러가 시작되면 먼저 설치할 형태를 묻는다.

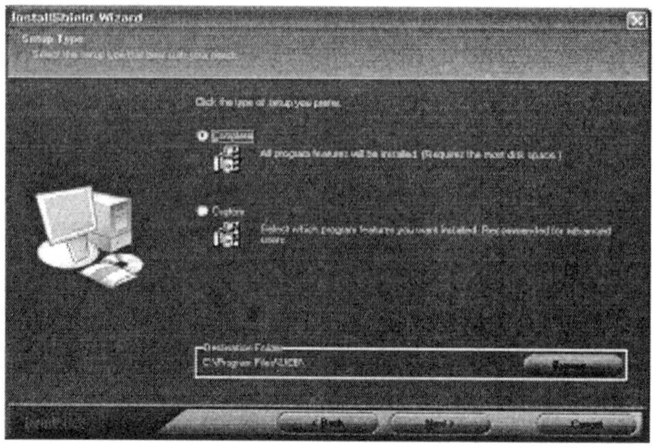

[그림 12-5] 설치 방법의 선택(complete, custom)

기본적으로 complete가 기본으로 선택되어 설치되므로, 바로 Next를 클릭한다. 여기서 custom을 선택하면 사용자가 원하는 프로그램을 골라서 설치 할 수 있다. 만약 사용자 PC에 cygwin이 이미 설치되어있다면 custom을 선택하여 cygwin을 제외하고 설치할 수도 있다. 다음으로 자바의 라이센스를 보여준다. Yes를 클릭한다.

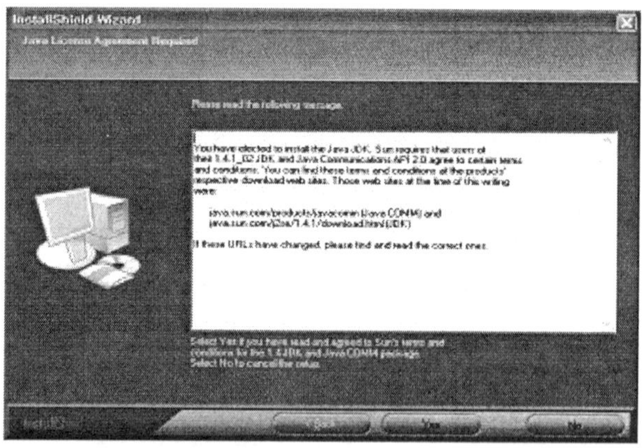

[그림 12-6] 자바 라이센스의 표시

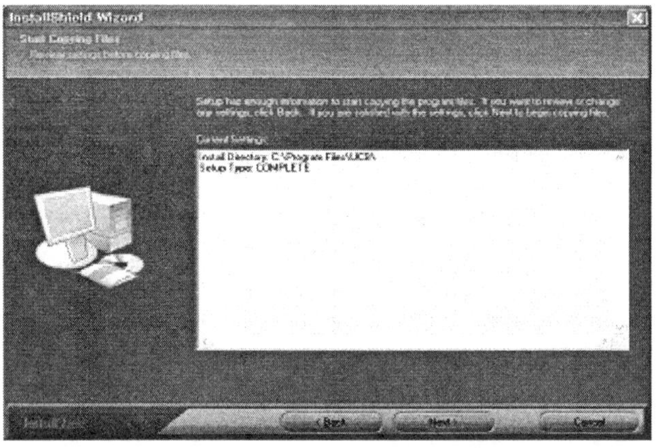

[그림 12-7] 설치 시작의 확인

복사를 시작해도 좋은지를 묻는다. Next를 클릭하여 다음으로 넘어간다.

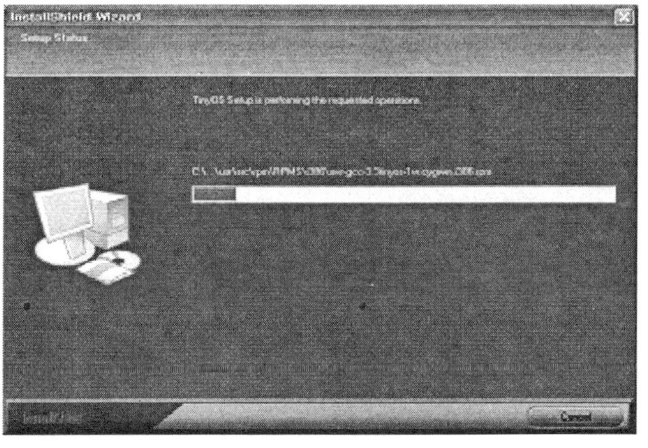

[그림 12- 8] 설치에 필요한 파일의 복사

복사가 되고나면 자동으로 cygwin의 설치에 들어간다. 전 단계에서 custom으로 cygwin을 선택하지 않았으면 설치되지 않는다. Continue를 선택한다.

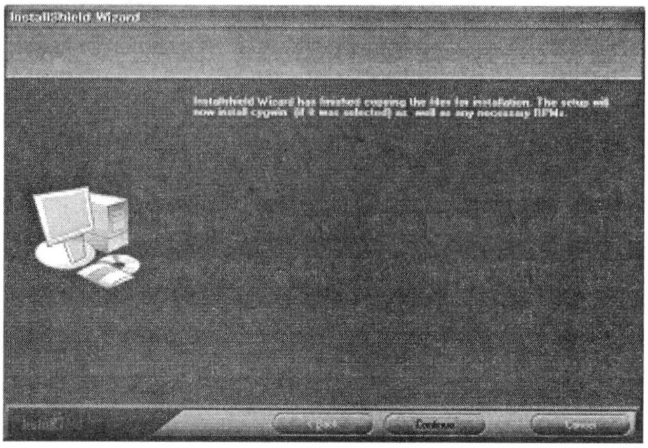

[그림 12-9] cygwin 설치의 시작

Cygwin을 설치하기 시작한다.

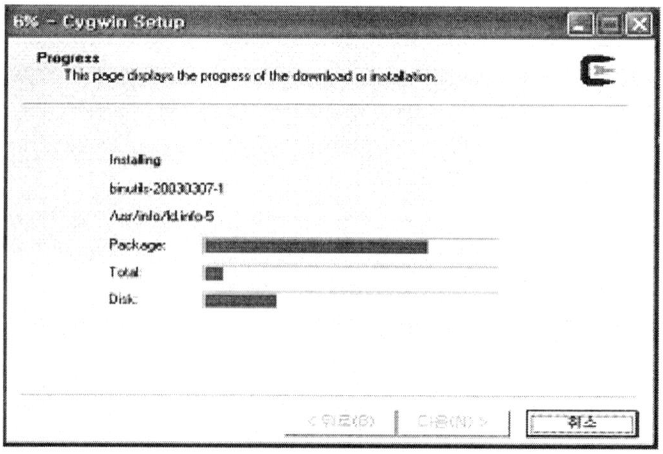

[그림 12-10] cygwin 설치

이제 기타 TinyOS에 필요한 파일을 인스톨 한다.

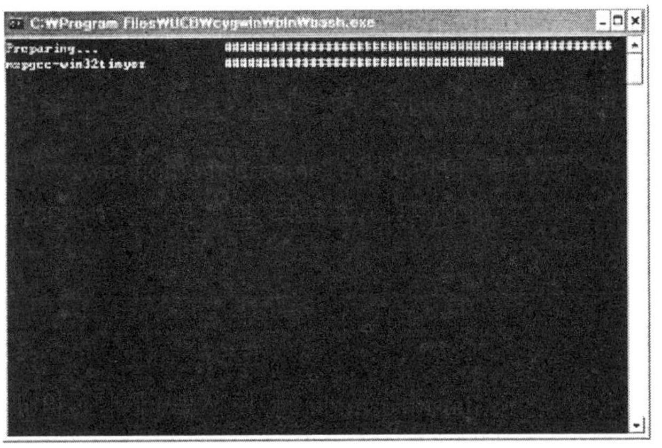

[그림 12-11] tinyos와 개발환경 설치

설치가 종료되면 다음과 같은 윈도우가 뜬다.

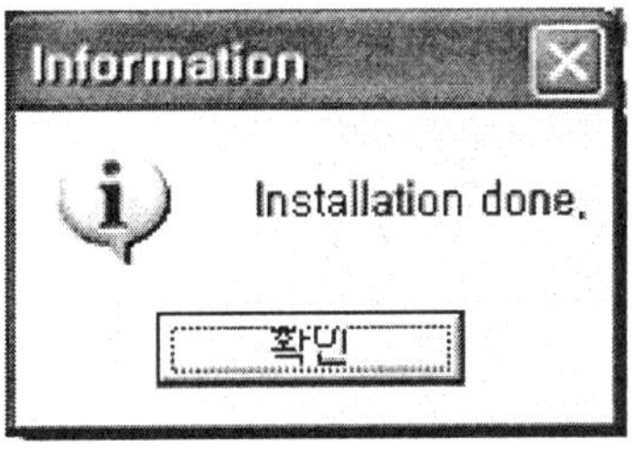

[그림 12-12] 설치 종료

"확인"을 클릭해서 설치를 종료한다.

② 다음은 설치된 TinyOS의 디렉 토리 구조로써 각 디렉토리에 대한 내용(Tiny OS 구성)을 검토한다.

- Toplevel : C:\Program Files\UCB

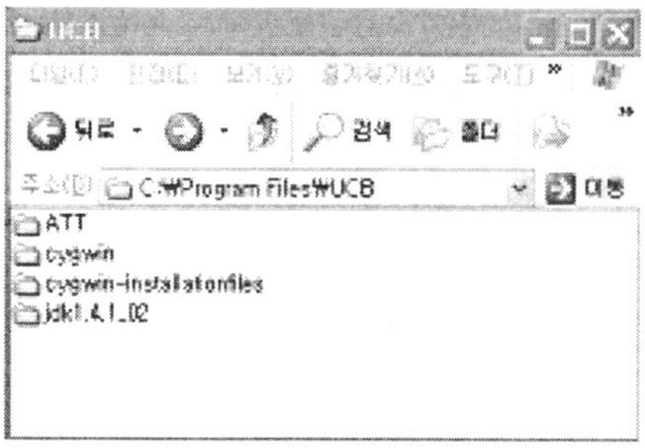

[그림 12-13] Cygwin 디렉토리

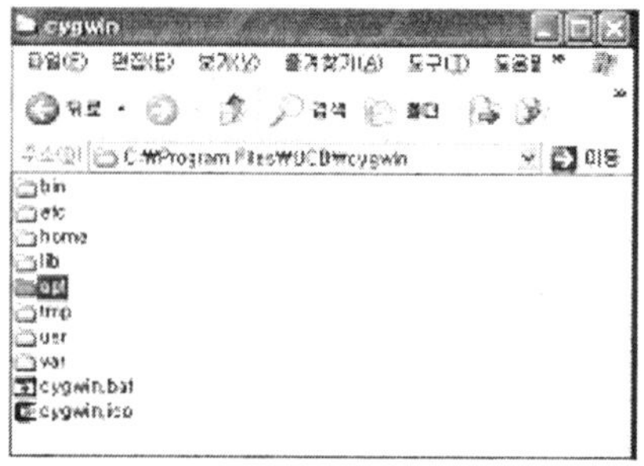

[그림 12-14] Top Level 하위 디렉토리

- Second Level : /opt/tinyos-1.x

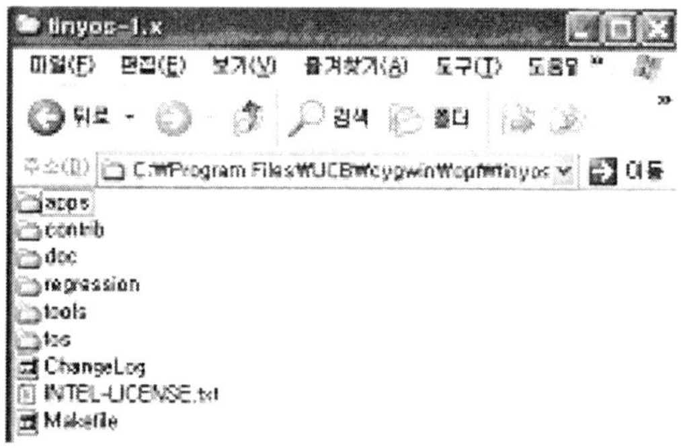

[그림 12-15] Second Level 디렉토리

Second Level의 디렉토리의 각 내용물은 다음과 같다.

디렉토리	내용
Apps	TinyOS 응용 프로그램 폴더
Contrib	TinyOS를 이용하고 있는 모트들 관련 프로그램 라이브러리
Tools	컴파일, 자바 프로그램들
Tos	다양한 TinyOS 컴포넌트와 TinyOS 인터페이스, 라이브러리 등

• Tos sub directory : /opt/tinyos-1.x/tos

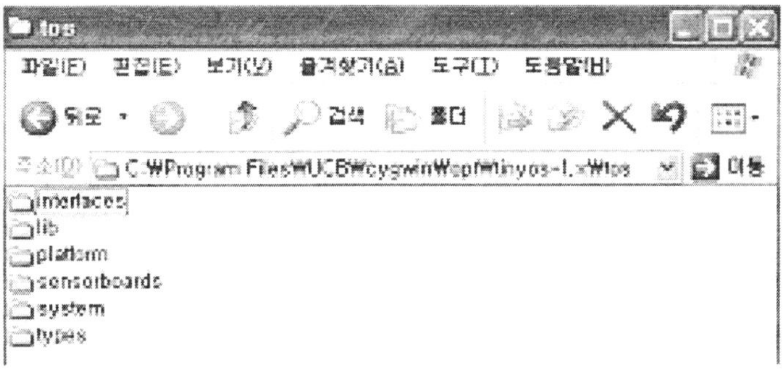

[그림 12-16] tos 디렉토리

tos 디렉토리의 각 내용물은 다음과 같다.

디렉토리	내용
Interface	컴포넌트의 인터페이스들이 위치
Lib	TinyOS 라이브러리, TinyDB, Route
Platform	ZigbeX를 포함한 다양한 플랫폼이 존재
sensorboards	다양한 센서보드들의 드라이버 존재
system	센서 보드 시스템의 드라이버

③ Ubi-Coin를 위한 응용 프로그램 설치

• 설치 CD를 통해 Cgiwin과 TinyOS를 설치한 후 Ubi-MSP 관련 응용 프로그램 설치앞에 기술된 방식으로 설치를 잘 끝냈다면, 사용자 PC에는 cygwin 및 기본 TinyOS 프로그램이 설치되었을 것이다. Window 상에서 cygwin 프로그램을 실행시켜 TinyOS가 설치된 폴더(\opt\tinyos-1.x)에 들어가면 무선 센서 네트워크를 위한 다양한 프로그램들을 확인할 수 있다. 이제Ubi-Coin를 위한 여러 응용 프로그램 및 관련 device driver를 설치해 보자.

먼저 설치 CD안에 있는 hanback_ubimsp 폴더의 hanback_ubimsp.zip와 ubimsp_install.sh 파일을 c:\program Files\UCB\cygwin\opt 폴더로 복사한다.

바탕화면에서 

을 클릭하여 cygwin을 실행한다. cygwin이 실행되면 기본적으로 c:\program Files\UCB\cygwin\home\username (각PC마다 다름)에 위치하게 된다. 그리고 다음과 같은 명령어로 복사된 위치로 이동한다.

```
cd /opt
```

시디로부터 hanback_ubimsp.zip와 함께 복사했던 ubimsp_install.sh 파일을 cygwin 상에서 실행시킨다.

```
./ubimsp_inst
all.sh
```

위 명령어를 입력하면 hanback_ubimsp.zip의 압축이 자동으로 풀리면서 다양한 파일들이 적절한 폴더로 복사된다.

만약hanback_ubimsp.zip에 있는 여러 파일들이 재대로 복사되었다면, 다음 경로에 ubimsp과 ubicoin 폴더가 있어야 한다.

C:\Program Files\UCB\cygwin\opt\tinyos-1.x\contrib\ubimsp
C:\Program Files\UCB\cygwin\opt\tinyos-1.x\contrib\ubicoin

만약 제대로 복사되지 않았다면, 다시 CD로부터 hanback_ubimsp.zip, ubimsp_install.sh 파일을 복사하여 경로를 확인한 후 ubimsp_install.sh를 cygwin에서 실행한다.

Ubi-Coin을 위한update 파일 복사 및 Ubi-Coin 을 동작시키기 위해서는 update된 cygwin 시스템 파일들이 필요하다. cygwin update 파일을 복사하는 하는 방법은 아래와 같다.

- 먼저 실행 중인 cygwin 명령 창을 종료한다.
- 설치 CD안에 있는 hanback_ubimsp/bin 폴더에 있는 여러 파일들을 C:\Program Files\UCB\cygwin\bin 폴더에 모두 복사한다.
- 다시 cygwin 명령 창을 실행한다.

이 때, 복사할 cgywin update 파일들은 실행과 관련된 dll 파일들이기 때문에, 꼭 cygwin 명령 창을 종료한 후 복사하여야 한다.

• Ubi-MSP 용 USB 드라이버 설치

Ubi-Coin용 USB 드라이버는 설치 CD의 Program\USB_driver\Ubimsp_XP_2000 폴더에 압축 파일 형태로 들어있다(만약 자신의 PC가 윈도우 98이나 ME일 경우 Ubimsp_98_ME 폴더를 있음). 폴더에 들어있는 압축 파일을 자신의 PC에 복사하여 압축을 풀어 놓는다.

Ubi-Coin를 USB 케이블을 통해 PC와 연결하면, USB 장치 드라이버를 설정하는 요청 창이 뜰 것이다. USB 드라이버를 설치하기 위한 여러 파일을 위에서 복사하여 압축 푼 폴더에 모두 들어 있다. 자신 복사한 곳의 경로를 찾아 요청 창에서 요구하는 파일들을 입력해주면 USB 드라이버가 사용자 PC에 문제없이 설치된다.

④ 컴파일 및 Ubi-MSP으로의 다운로드 명령을 시행한다.

• Ubi-MSP 컴파일 방법

Cygwin을 실행시킨 후, cd 명령을 이용하여 \opt\tinyos-1.x\contrib\ubicoin 폴더에 들어가면 아래 그림과 같은 다양한 응용 프로그램이 설치된 것을 볼 수 있다. 각 폴더마다 조도값 측정, 무선 통신, adhoc network등 고유의 응용 프로그램들이 존재한다.

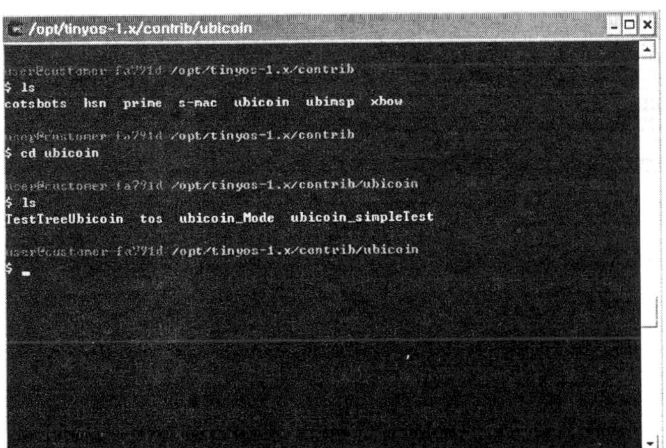

[그림 12-17] Ubi-coin 응용 프로그램들

위 응용 프로그램들 중 하나의 예로써 1초마다 Red LED를 점멸시키는 프로그램인 BlinkTimer를 컴파일하여 ubicoin에 다운로드하는 과정을 살펴보도록 하겠다. 먼저 cd 명령어로 BlinkTimer 폴더에 들어가서, 아래 명령을 입력하여 컴파일을 시도한다.

```
make ubicoin
```

위의 간단한 명령을 통해 TinyOS의 코드를 Cross-Compile을 통해 Ubi-MSP에 적합한 형식의 실행파일을 만들 수 있다. 제대로 컴파일이 진행되었을 경우, 다음 그림과 같은 형태의 결과가 출력된다.

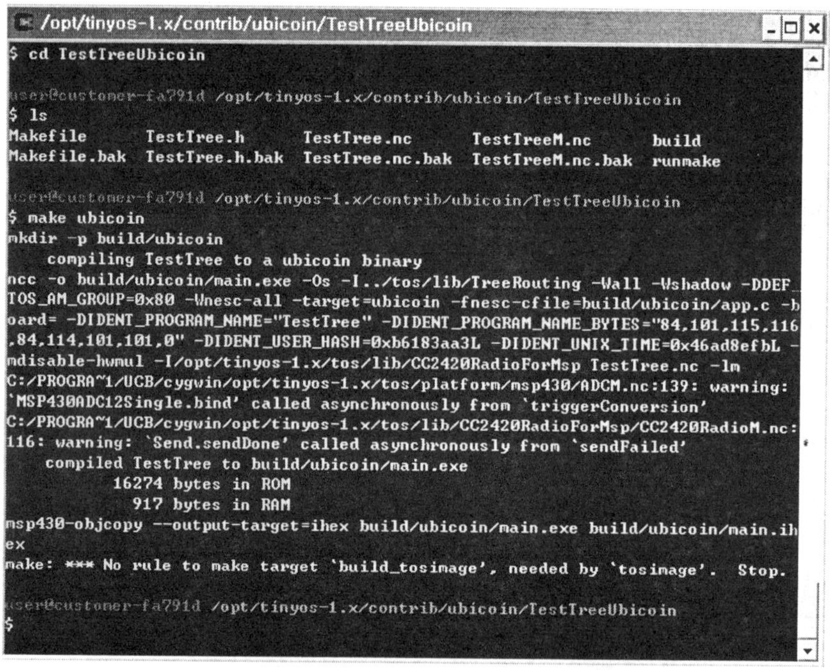

[그림 12-18] TinyOS 프로그램을 Ubi-Coin에 맞도록 컴파일 하는 방법

컴파일 후, TestTreeUbicoin 폴더를 보면 build라는 폴더가 생성된 것을 확인할 수 있으며, 그 하부 폴더인 ubicoin 폴더에 아래 파일들이 새로 생성되었다면 원하는 ubicoin 용 실행 파일이 생성된 것이다.

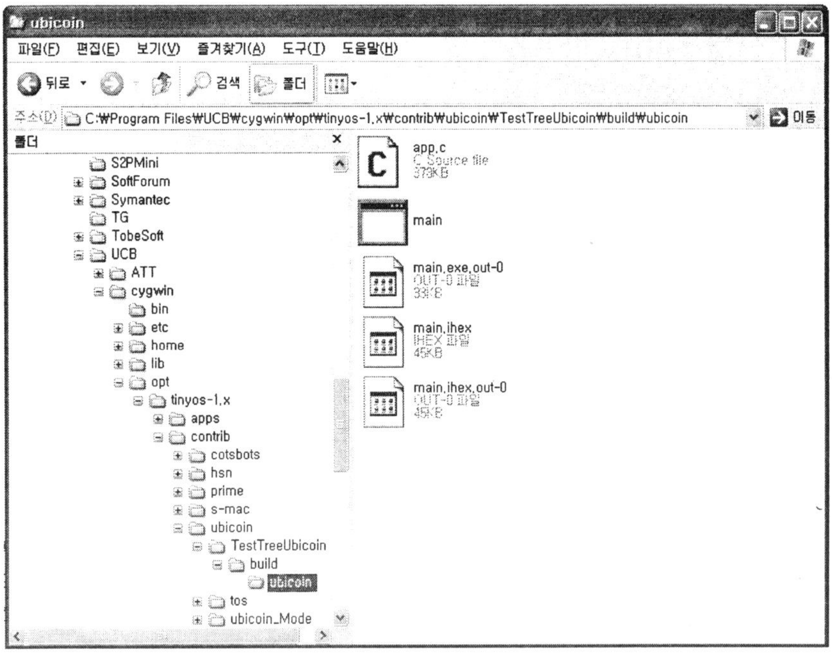

[그림 12-19] Ubi-Coin 형태로 컴파일된 파일

• Ubi-Coin으로의 다운로드 명령

컴파일된 실행 파일을 Ubi-Coin로 다운로드하기 위해, TI 회사에서 제공하는 BSL 다운로드프로그램을 사용한다. 실제 BSL을 사용하기 위해서는 다운로드 되는 타겟 임베디드 프로세스에 맞게 다양한 설정 값을 넣어주어야 한다. 하지만 Ubi-Coin 에서는 이러한 번거로움을 없애기 위해, 하나의 shell 명령만으로 Ubi-Coin 에 해당하는 다양한 옵션을 자동으로 실행시켜줄 수 있도록 하였다. 위에서 컴파일 명령을 보여주기 위해 사용한 TestTreeUbicoin 프로그램을 예로 들어 설명해 보도록 하겠다. 사용자는 다시 cd 명령어을 통해 이미 컴파일이 완료한 TestTreeUbicoin 폴더에 들어가도록 한다. 모트를 USB 케이블을 통해 PC와 연결한 후 'motelist' 명령을 입력하면, 현재 Ubi-Coin 이 연결된 시리얼 포트의 연결 번호를 알 수 있다.

[그림 12-20] motelist 명령을 통해 Ubi-Coin가 할당 받은 시리얼 포트 확인

위 그림에서 보는 봐와 같이 현재 Ubi-Coin은 시리얼 COM3번에 연결되어 있다. 이 정보를 바탕으로 TestTreeUbicoin 폴더에서 아래와 같은 명령을 입력하면 앞서 컴파일된 파일을 BSL 프로그램을 통해 Ubi-Coin로 다운로드 되는 것을 알 수 있다.

```
make ubimsp reinstall,1 bsl,11
```

위 명령어에서 ‘reinstall,’ 뒤에 숫자(위 예제에서는 ‘0’)는 Ubicoin의 노드의 아이디를 뜻하는 것이다. 즉 위 예제처럼 0을 넣게 되면, 연결된 Ubi-Coin는 0번 아이디를 가지게 되는 것이며, ‘bsl,’ 뒤에 숫자(위 예제에서는 ‘11’)는 Ubi-Coin가 연결된 시리얼 포트를 의미한다. 리눅스에서는 시리얼 포트가 0번부터 시작함으로, motelist 명령을 통해 알게 된 Ubi-MSP의 시리얼 포트 COM12는 리눅스에서 ttyS11이 된다. 그래서 위 예제에서는 ‘bsl,’ 뒤에 숫자가 11이 되는 것이다. bsl 뒤에 숫자 구분을 통해 Ubi-Coin이 여러 개 PC와 연결되어 있더라도, 원하는 장비에 구분하여 다운로드 할 수 있다.

만약 PC에 하나의 Ubi-Coin만 연결되었을 경우에는 make ubicoin reinstall,0 만으로 동일한 명령을 수행할 수 있는데, 이는 shell 프로그램이 알아서 USB와 연결된 시리얼 포트 중 가장 낮은 값을 default로 설정해 주기 때문이다.

make ubicoin reinstall,0

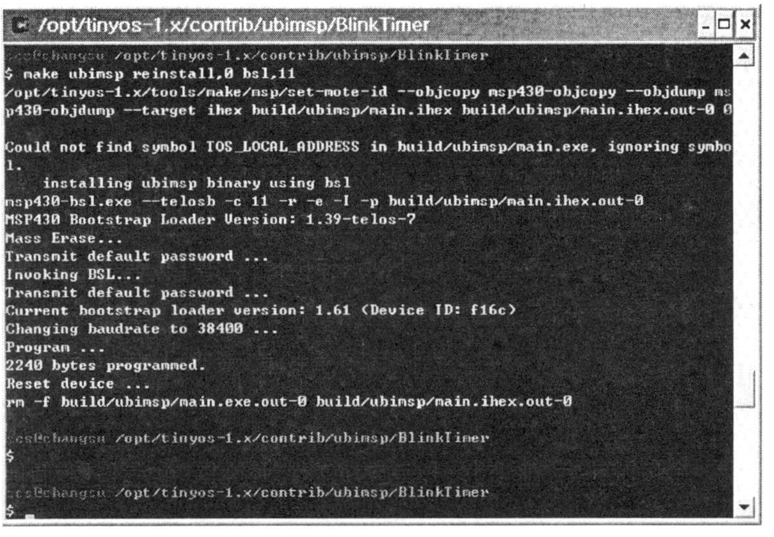

[그림 3-21] Ubi-Coin로의 다운로드 명령.

[그림 3-21]과 같은 결과가 나오게 되면, TestTreeUbicoin 프로그램이 성공적으로 Ubi-Coin에 다운로드 된 것이다.

제 13 장
NesC

13.1 NesC 특성

NesC는 여러 컴포넌트들이 연결되어 한 모듈을 이루는 컴포넌트 기반 프로그래밍 언어이다. 실제 C언어를 사용하진만, C++과 같은 객체 지향적인 개념을 갖는 언어로써, 컴포넌트 블록 들을 와이어링 하여 응용 프로그램을 이루며, 꼭 필요한 라이브러리 들 만을 포함하여, 컴파일하기 때문에 적은 코드 사이즈를 갖는데, 결국 NesC는 다음과 같은 특성을 갖는다.

- 형태 : 컴포넌트 기반
- 개발 : 기존 C에 비해 편리하며, 필요한 컴포넌트들만 연결해 주면 원하는 프로그램 작성 가능
- 코드 : 사이즈 매우 작기 때문에 소규모 임베디드 장비에 최적화
- 제한점 : 메모리를 동적 할당 못함

NesC에서 사용하는 컴포넌트 관련 용어들을 보면 다음과 같다.

	NesC에서 사용하는 용어들
Application	▪ 실제 센서노드에서 실행 가능한 하나의 프로그램
Component	▪ *Component* : NesC를 구성하는 기본 블록으로, configuration과 module로 구분된다.
	▪ *Interface* : Interface는 두개의 컴포넌트 사이를 연결하기 위해 정의된 포트를 의미한다. 컴포넌트는 여러 개의 interface를 사용 할 수 있으며, 이 interface를 이용하여 command, message가 처리된다. 두 컴포넌트 사이의 연결 통로(인터페이스)를 연결하는 것을 와이어링 (wiring)이라고 한다.
	▪ *Configuration* : 하나의 새로운 컴포넌트를 정의하고, 사용할 다른 하부 컴포넌트들을 선언한다. 그리고 이들간의 연결(와이어링)을 어떻게 정의할 것인가에 대해 기술한다.
	▪ *Module* : 새로운 컴포넌트의 동작 및 다른 컴포넌트들과의 연동을 실제로 구현하는 곳이다.

13.2 NesC 프로그래밍

NesC의 코드 상의 구조는 선어와 구현부로 컴포넌트들을 프로그래밍 한다. 다음 (예 1.1)처럼 코드처럼 app라는 configuration 정의한 후 implementation 이후의 {} 안에 실제 코드를 작성한다.

```
(예 1.1)    configuration app { }
            implementation {

                  /////

            }
```

NesC의 프로그램 전체 구조는 다음 그림과 같이 하나의 프로그램을 의미하는 application Configuration 안에 이벤트 및 인터페이스 동작을 C 코딩하는 module과 컴포넌트들 및 연결 관계가 정의된 Configuration 및 포트 역할을 의미 하는 Interface 로 구성되며, 각 컴포넌트는 module 또는 Configuration이 된다.

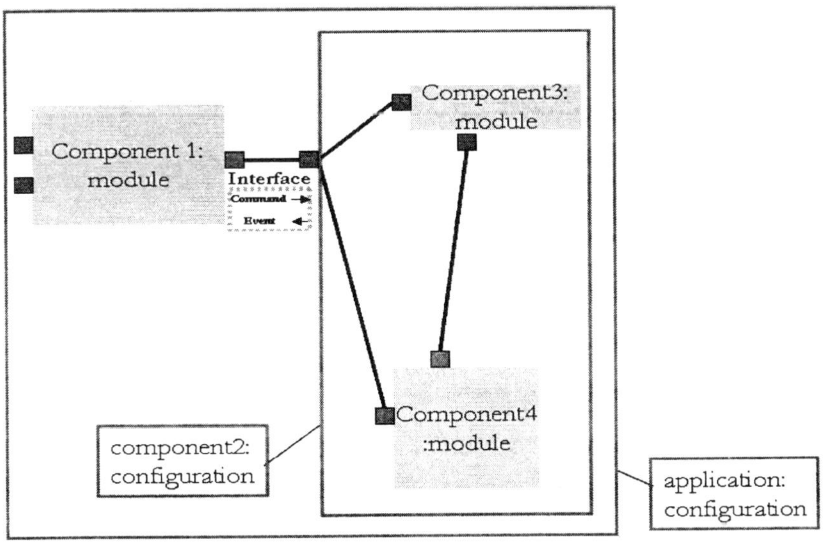

[그림 13-1] NesC 프로그램 전체 구조

Configuration 코딩 방법은 다음 예제 및 그림과 같다.

(예 1.2)

```
configuration app { }
implementation {
 components c1, c2, c3;
 c1 -> c2; // implicit interface sel.
 c2.out -> c3.triangle;
 c3 <- c2.side;
}
```

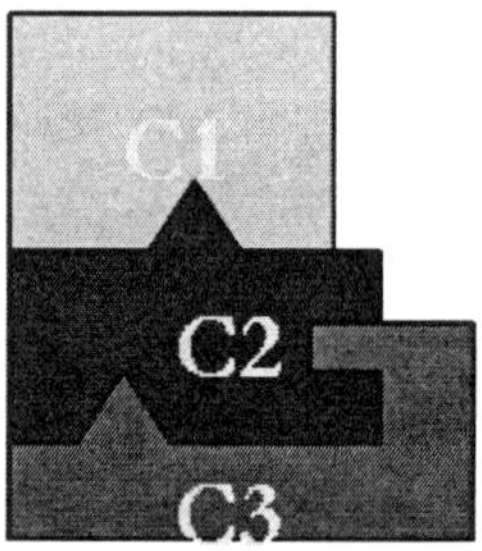

[그림 13-2] 예제 1.2의 컴포넌트 연결 의미

Configuration으로 정의 되지는 않았지만 실제 Configuration과 같은 의미로써 다음 예제 및 그림과 같이 사용할 수 있다.

(예 1.3)

```
component c2c3 {
  provides interface triangle t1;
}
implementation {
         components c2, c3;
 t1 -> c2.in;
 c2.out -> c3.triangle;
 c3 <- c2.side;
}
```

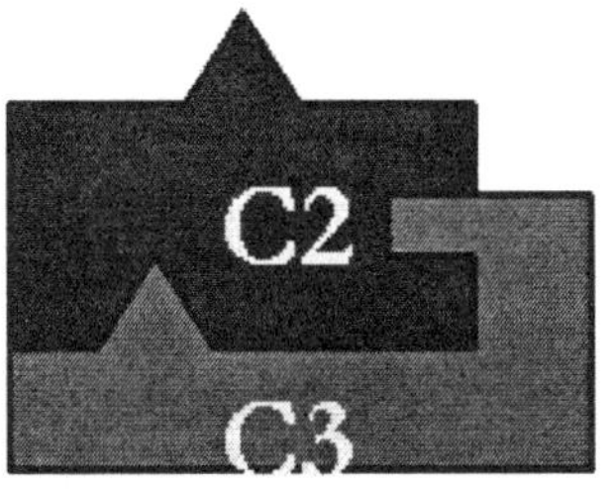

[그림 13-3] 예제 1.3의 컴포넌트

module 과 인터페이스는 다음 예제 및 그림과 같이 연계 관련 되는 코딩을 할 수 있다.

(예 1.4)

```
module C1 {
  uses  interface triangle;
} implementation { ... }

module C2 {
  provides interface triangle in;
 uses {
    interface triangle out;
    interface rectangle side; }
} implementation { ... }

module C3 {
  provides interface triangle;
  provides interface rectangle;
} implementation { ... }
```

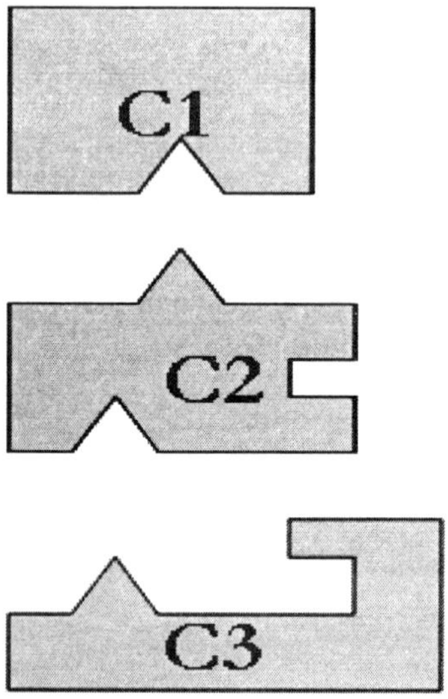

[그림 13-4] 예제 1.4의 module 및 Interface

컴포넌트들 간의 와이어링은 3가지로 나뉜다.

interface1 = interface2 : 양 Interface가 서로 겉음
interface1 → interface2 : Interface1에서 사용하는 함수가 Interface2에 정의됨
interface1 ← interface2 : Interface2에서 사용하는 함수가 Interface1에 정의됨

Module은 실제 동작 프로그램 코드가 들어가는 부분으로 (예제 1.5)와 같이 모듈 이름 다음의 {}에 정의가 되고, Implementation의 {}에 실제 동작 토드가 들어간다.

(예제 1.5)

```
module BlinkM {
provides { interface StdControl }
uses { interface Timer as Timer; interface Leds }
} implementation {
command result_t StdControl.init() { call Leds.init(); return SUCCESS; }
command result_t StdControl.start() {
call Timer.start(TIMER_REPEAT, 1000);
```

```
    return SUCCESS;
  }
  command result_t StdControl.stop() {
    call Timer.stop(); return SUCCESS;
  }
  event result_t Timer.fired()  {
    call Leds.redToggle();     return SUCCESS;
  }
}
```

위 예제에서 실제 사용하는 Command 함수인 **StdControl.init()**와 **StdControl.start()**등이 Implementation의 {}안에 프로그래밍 되어 있다.

Tiny OS 의 처리는 크게 Task와 Event로 나뉠 수 있는데, Task는 순차적으로 함수 등을 호출하는 프로세서 처리 방법이고, Event는 임의의 인터럽트 발생 등이 발생될 때 처리하는 방식이다.

제 14 장

무선 센서 네트워크 테스트

14.1 센서 네트워크 토폴로지

센서 네트워크의 네트워크 토폴로지는 크게 Star 형 네트워크 토폴로지와 Tree 형 네트워크 토폴로지 및 Mesh 형 네트워크 토폴로지가 있다. 이 때 디바이스 형태는 FFD(Full Function Device)와 RFD(Reduced Function Device) 가 있다. FFD MAC이 완전히 구현되어 있는 Device 이고, RFD는 네트워크에서 FFD에 접속할 수 있게 구현되어 있다. 다음 그림은 Star 형으로 FFD에 RFD 가 연결되는 형태를 취한다.

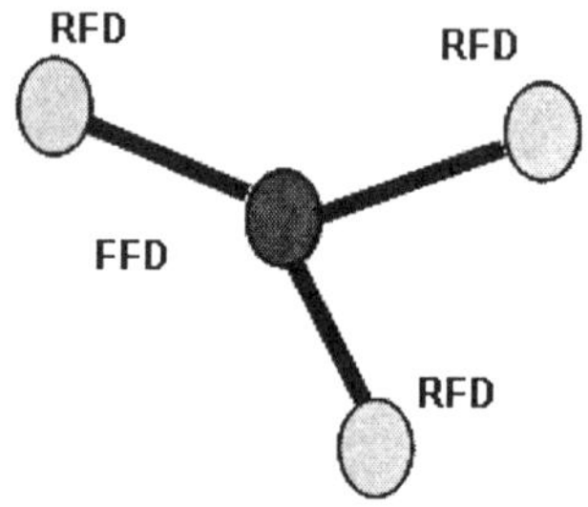

[그림 14-1] Star 형 네트워크 토폴로지

다음 그림은 Tree 구조로 FFD는 하위 네트워크를 형성해 나갈 수 있다.

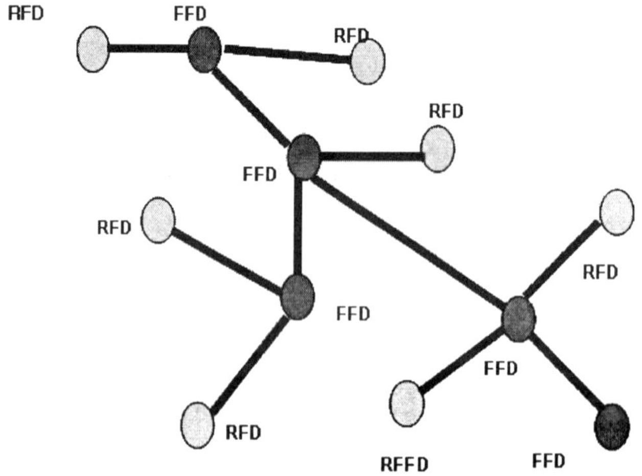

[그림 14-2] Tree 형 네트워크 토폴로지

다음 그림은 Mesh 네트워크 구조로 FFD에 네트워크를 형성해 간다.

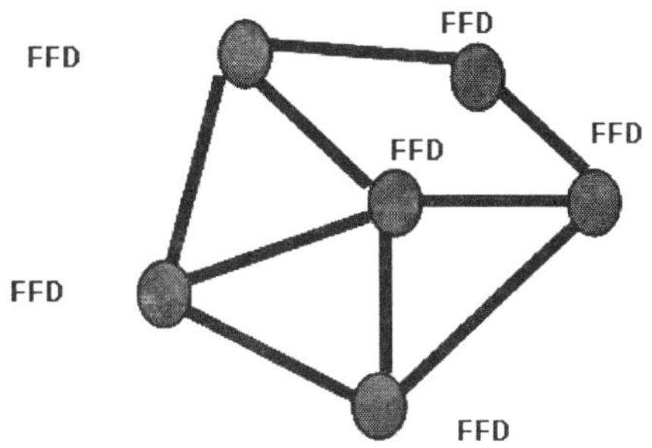

[그림 14-3] Mesh 형 네트워크 토폴로지

14.2 Tree 네트워크 소스

다음은 Tree 네트워크의 NesC 프로그램이다.

```
includes TestTree;
includes TreeRouting;

module TestTreeM{
provides interface StdControl;
uses {
  interface Timer;
  interface StdControl as Comm;
  intcrfacc StdControl as Routing;
  interface StdControl as TimerStdControl;
```

```
    interface SendMsg as Send;
    interface ReceiveMsg as Receive;
    interface SCSuartDBG;
    interface StdControl as SCSuartSTD;
    interface Leds;

    interface StdControl as cds_SensorControl;
    interface ADC as cds_SensorADC;

    interface CC2420Control;
  }

} implementation {

    ////

}
```

위 소스에서 인터페이스 통신 ,라우팅, 센서 등의 인터페이스를 정의 하였고, 다음 소스는 Tree 네트워크의 테스트 모듈이다.

```
configuration TestTree { }

implementation
{
components Main, TestTreeM, TreeRoutingC, GenericComm, TimerC, LedsC,
            DemoSensorC as cds_Sensor, SCSuartDBGC
            , CC2420RadioC as ChannelControl
            ;

Main.StdControl -> TestTreeM;

TestTreeM.TimerStdControl -> TimerC;
TestTreeM.Timer -> TimerC.Timer[unique("Timer")];
TestTreeM.Comm -> GenericComm;
```

```
  TestTreeM.Routing -> TreeRoutingC;
  TestTreeM.Send -> TreeRoutingC;
  TestTreeM.Receive -> TreeRoutingC;
  TestTreeM.SCSuartSTD -> SCSuartDBGC;
  TestTreeM.SCSuartDBG -> SCSuartDBGC;
  TestTreeM.Leds -> LedsC;

  TestTreeM.cds_SensorControl -> cds_Sensor;
  TestTreeM.cds_SensorADC -> cds_Sensor;

  TestTreeM.CC2420Control -> ChannelControl;

  TreeRoutingC.Tree_send -> GenericComm.SendMsg[AM_TREEMSG];
  TreeRoutingC.Tree_receive -> GenericComm.ReceiveMsg[AM_TREEMSG];
}
```

14.3 Tree 네트워크 분석

네트워크 토폴로지를 분석할 수 있는 Serge-Viewer 프로그램을 통하여 현재의 Network 토폴로지를 관찰할 수 있다. 다음 그림은 tree Network 를 구성한 그림으로 이 때, Viewer 프로그램의 옵션을 보면 Ubicoin B/D가 조도 센서만을 지원하기 때문에 조도만을 설정하고, 각 PC의 USB의 Port를 설정한 후, 57600 보오로 설정한 것이다.

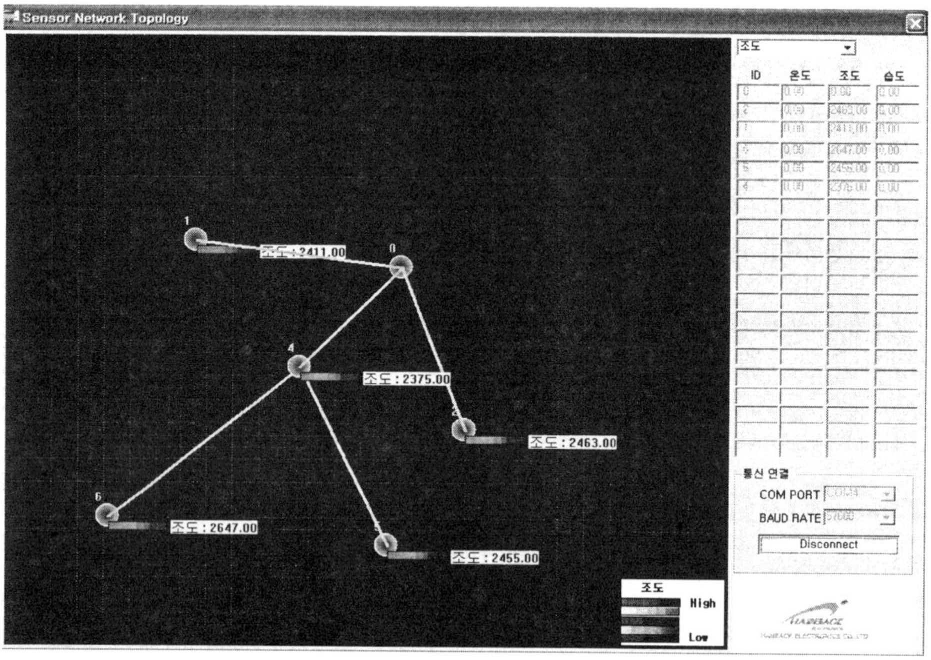

[그림 14-4] tree 네트워크의 Viewer 프로그램 관찰

위 Viewer 프로그램에서 초기에 0번 디바이스에서 1, 2, 4번 디바이스가 Star형으로 네트워크가 구성되었으나, 6, 5 디바이스가 4번을 중심으로 tree 형태의 네트워크를 구성하고 있음을 보여준다, 또한 각 디바이스의 조도 값을 센싱하여 각 위치에서의 조도 정도를 보여주는 것을 확인할 수 있다.

14. 4 Tree 네트워크 실습

① Cygwin을 실행한 후 도스 창에서 opt/tinyod-1.x/contrib/ubicoin/TestTree-Ubicoin으로 들어가라

② 한개의 Ubicoin B/D를 선정하여 다운로드 보드에 연결한 후, USB 로 연결하고, 다음의 명령을 하여라. 이 때, "0" 디바이스 ID 이다.

“ make ubicoin reinstall,0 "

③ 네트워킹 하고자 하는 모든 Ubicoin B/D를 선정하여 다운로드 보드에 연결하여, ID를 순번을 매겨 ② 명령을 한다.

“ make ubicoin reinstall,1 "
“ make ubicoin reinstall,2 "
.....
“ make ubicoin reinstall,n "

④ surge-Viewer 프로그램을 실행하여, 조도, USB의 Port, 57600 보오 Rate를 설정후 연결 버튼을 누른 후, 네트워크 형태를 관찰하라.

참고문헌

[1] 김인태, 상학당, "전자통신전공실험", 2004. 2. 25.

[2] 고대식, 배명진, 류근택, 진영사 "통신공학실험", 1998. 3. 18.

[3] 565 Chip Set Manual.

[3] (주)한백 전자 기술연구소, ITC, "유비쿼터스 센서 네트워크 시스템", 2007. 5. 18.

[4] IEEE Standards, " 802.15.3", 2003. 9. 29.

[5] 전자 부품 연구원, "Koinonia V1.0", 2004.

[6] 이철희, (주) 한백전자, "Zigbex를 이용한 USN 설계 오프라인 세미나".

[7] 정우기, 복두출판사, "제4세대 이동통신 서비스",

[8] 전선도, 조진웅, 전자부품, "Koinonia 무선 보안 기술", 2005. 11.

찾아보기

무선통신 시스템 이론 및 실습

2011년 2월 25일 1판 2쇄 발행

지 자 전선도 · 이동원
발행인 남 승 우

발행처 도서출판 상尙 학學 당堂

서울시 동작구 사당로9가길 6(사당동 220-43)
TEL : 02) 595-1692～4
FAX : 02) 595-1394
E-mail : namdoo6@unitel.co.kr
신고 : 2-155호 (1968. 11. 29)

정가 15,000원

ISBN 978-89-85437-80-6 93560